高等院校计算机基础教育规划教材·精品系列

C++程序设计实验教程

主　编　史巧硕　刘洪普
副主编　朱怀忠　毕晓博　金　迪　刘晓星
参　编　郭迎春　李建晶　梁艳红　路　静

中国铁道出版社有限公司
CHINA RAILWAY PUBLISHING HOUSE CO., LTD.

内 容 简 介

本书是与主教材《C++程序设计教程》（史巧硕　朱怀忠主编）配套使用的上机实验指导用书，是编者多年教学实践经验的总结。全书包括 21 个实验，实验的例题和内容与主教材相应章节呼应，可以方便教师有计划有目的地安排学生上机操作，达到事半功倍的学习效果。本书内容丰富，例题详尽，部分程序的案例取自实际应用。

本书适合作为高等院校"C++程序设计课程"的辅助教材，也可作为计算机培训班的培训教材，还可作为广大软件开发人员和自学者学习 C++ 程序设计语言的参考用书。

图书在版编目（CIP）数据

C++程序设计实验教程/史巧硕，刘洪普主编．—北京：中国铁道出版社，2017.8（2024.12重印）
高等院校计算机基础教育规划教材－精品系列
ISBN 978-7-113-23248-1

Ⅰ.①C… Ⅱ.①史… ②刘… Ⅲ.①C语言－程序设计－高等学校－教材　Ⅳ.①TP312.8

中国版本图书馆 CIP 数据核字（2017）第 182639 号

书　　名：C++ 程序设计实验教程
作　　者：史巧硕　刘洪普

策　　划：魏　娜　周海燕　　　　　　　　　　　编辑部电话：（010）63549508
责任编辑：周海燕　李学敏
封面设计：付　巍
封面制作：刘　颖
责任校对：张玉华
责任印制：赵星辰

出版发行：中国铁道出版社有限公司（100054，北京市西城区右安门西街 8 号）
网　　址：https://www.tdpress.com/51eds
印　　刷：三河市兴达印务有限公司
版　　次：2017 年 8 月第 1 版　　2024 年 12 月第 9 次印刷
开　　本：880 mm×1 230 mm　1/16　印张：11.75　字数：357 千
书　　号：ISBN 978-7-113-23248-1
定　　价：32.00 元

版权所有　侵权必究

凡购买铁道版图书，如有印制质量问题，请与本社教材图书营销部联系调换。电话：（010）63550836
打击盗版举报电话：（010）63549461

前言 Preface

上机实验是学习计算机程序设计语言的重要环节。学生通过实际上机编程的演练，可以加深对编程规则及理论知识的理解，同时对培养自学能力、锻炼实际的编程能力也起着极为重要的作用。为此，我们编写了本书。本书是与主教材《C++程序设计教程》（史巧硕　朱怀忠主编）配套使用的实验教材，同时也可以与其他C++程序设计教科书配合使用。

本书共有21个实验，每个实验包括实验目的、范例分析、实验内容和问题讨论等内容。实验一介绍Visual C++ 6.0的开发环境，并通过简单的例子介绍了上机操作的步骤及在Visual C++ 6.0中调试C++程序的一般方法；实验二～实验十四涵盖Visual C++的数据类型、程序的基本结构与流程控制语句、数组和指针的操作、函数与预处理、结构体和联合体的操作，这些内容也是构成C++程序设计的基础内容；实验十五～实验十七介绍C++面向对象方面的知识，包括类与对象的操作、继承与虚函数、运算符重载等；实验十八～实验二十一介绍Visual C++ 6.0的Windows编程的基础知识。

本书的作者长期从事C++语言程序设计课程的教学工作，并曾利用C++、Visual C++语言开发了多个软件项目，因此有着丰富的教学经验和较强的科研能力，对C++有着较深入的理解。为了实现理论联系实际，达到良好的教学效果，作者精心选择了实验的例题和内容，并与教材各章相呼应，以方便教师有计划、有目的地安排学生上机操作，从而达到事半功倍的教学效果。另外，在实验中，还有针对性地提供了一些接近实际要求或直接取自实际应用的较为完整的程序案例，教师可以以这些程序为范本，进行综合练习或组织课程设计的题目。教师若能配合C++程序设计教材，有计划地按本书要求安排实验上机，可迅速提高学生的实际操作能力。

本书由史巧硕、刘洪普主编，并负责全书的总体策划与统稿、定稿工作，朱怀忠、毕晓博、金迪、刘晓星任副主编，各章编写分工如下：实验一由李建晶编写，实验二、实验三、实验四、实验五由史巧硕编写，实验六、实验七、实验八由朱怀忠编写，实验九、实验十、实验十一、十二由刘洪普编写，实验十三、实验十四由毕晓博编写，实验十五、实验十六由郭迎春编写，实验十七由路静编写，实验十八、实验十九由金迪编写，实验二十由刘晓星编写，实验二十一由梁艳红编写。

在本书编写过程中，参考了大量文献资料，在此向这些文献资料的作者深表感谢。

由于时间仓促，编者水平有限，书中难免有不当和欠妥之处，敬请各位专家、读者不吝批评指正。

编　者
2017年5月

目录 Contents

实验一　Visual C++ 6.0开发环境及简单应用程序的创建 1
　　一、实验目的 1
　　二、相关知识 1
　　三、实验内容 9
　　四、问题讨论 9

实验二　输入/输出与顺序结构 11
　　一、实验目的 11
　　二、范例分析 11
　　三、实验内容 14
　　四、问题讨论 15

实验三　选择结构程序设计 16
　　一、实验目的 16
　　二、范例分析 16
　　三、实验内容 23
　　四、问题讨论 26

实验四　循环结构程序设计 27
　　一、实验目的 27
　　二、范例分析 27
　　三、实验内容 32
　　四、问题讨论 35

实验五　典型程序设计 36
　　一、实验目的 36
　　二、范例分析 36
　　三、实验内容 43
　　四、问题讨论 45

实验六　一维数组 46
　　一、实验目的 46
　　二、范例分析 46
　　三、实验内容 52
　　四、问题讨论 55

实验七　二维数组与字符数组 56
　　一、实验目的 56
　　二、范例分析 56
　　三、实验内容 63
　　四、问题讨论 66

实验八　指针 67
　一、实验目的 67
　二、范例分析 67
　三、实验内容 70
　四、问题讨论 76

实验九　函数及其调用 77
　一、实验目的 77
　二、范例分析 77
　三、实验内容 80
　四、问题讨论 82

实验十　函数与指针 83
　一、实验目的 83
　二、范例分析 83
　三、实验内容 90
　四、问题讨论 92

实验十一　函数嵌套调用及函数重载与带默认参数的函数 93
　一、实验目的 93
　二、范例分析 93
　三、实验内容 99
　四、问题讨论 101

实验十二　作用域和预处理 102
　一、实验目的 102
　二、范例分析 102
　三、实验内容 106
　四、问题讨论 111

实验十三　结构体与共用体 112
　一、实验目的 112
　二、范例分析 112
　三、实验内容 115
　四、问题讨论 118

实验十四　结构体数组和结构体指针变量 119
　一、实验目的 119
　二、范例分析 119
　三、实验内容 123
　四、问题讨论 128

实验十五　类与对象 129
　一、实验目的 129
　二、范例分析 129
　三、实验内容 135
　四、问题讨论 136

实验十六　继承与虚函数 137
　一、实验目的 137
　二、范例分析 137

三、实验内容ᅟ.. 140
　　四、问题讨论ᅟ.. 142

实验十七　运算符重载 143
　　一、实验目的ᅟ.. 143
　　二、范例分析ᅟ.. 143
　　三、实验内容ᅟ.. 146
　　四、问题讨论ᅟ.. 146

实验十八　创建基于对话框的MFC应用程序 147
　　一、实验目的ᅟ.. 147
　　二、范例分析ᅟ.. 147
　　三、实验内容ᅟ.. 161
　　四、问题讨论ᅟ.. 161

实验十九　多对话框应用程序 162
　　一、实验目的ᅟ.. 162
　　二、范例分析ᅟ.. 162
　　三、实验内容ᅟ.. 170
　　四、问题讨论ᅟ.. 170

实验二十　菜单 171
　　一、实验目的ᅟ.. 171
　　二、范例分析ᅟ.. 171
　　三、实验内容ᅟ.. 174
　　四、问题讨论ᅟ.. 174

实验二十一　创建单文档应用程序 175
　　一、实验目的ᅟ.. 175
　　二、范例分析ᅟ.. 175
　　三、实验内容ᅟ.. 179
　　四、问题讨论ᅟ.. 179

参考文献 180

实验一
Visual C++ 6.0开发环境及简单应用程序的创建

一、实验目的

（1）了解Visual C++ 6.0开发环境。
（2）掌握在Visual C++ 6.0中编写控制台应用程序的过程。
（3）熟悉Visual C++ 6.0开发环境中的一些常用操作。
（4）学习如何在Visual C++ 6.0中调试C++程序。

二、相关知识

1. Visual C++ 6.0集成开发环境简介

（1）启动Microsoft Visual C++ 6.0。

选择"开始"→"所有程序"→"Microsoft Visual Studio 6.0"→"Microsoft Visual C++ 6.0"菜单命令，或双击桌面上名为"Microsoft Visual C++ 6.0"的快捷方式图标，从而进入Microsoft Visual C++ 6.0集成开发环境。

（2）Visual C++ 6.0主窗口。

Visual C++ 6.0主窗口包括标题栏、菜单栏、工具栏、工作区窗口、编辑窗口区、输出窗口和Build MiniBar工具栏，如图1.1所示。其中，Build MiniBar工具栏中的工具，在编译和连接程序时会经常使用。在工具栏区右击，可从快捷菜单中选择或取消工具栏、工作区窗口Workspace和输出窗口Output的显示。

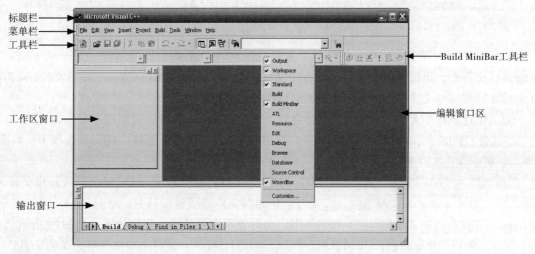

图1.1　主窗口

2. 在Visual C++中编写一个基于控制台的应用程序

一个项目包含多个文件，在创建项目时系统会在指定的文件夹中创建项目文件夹，并将项目中包含的文件存放在该文件夹下。所以，在创建项目前，最好创建一个文件夹存放编写的C++程序，这里预先在E盘建立了存放项目的文件夹Examples。

（1）创建项目。

① 选择"File"→"New"菜单命令，弹出"New"对话框。在"New"对话框中，选择"Projects"选项卡（默认），如图1.2所示，从列出的项目类型清单中选择"Win32 Console Application"选项，创建一个基于控制台的应用程序；在"Project name"下的文本框中输入新建项目名，如test；在"Location"下的文本框中显示将要生成的项目文件夹的存放位置，可单击右侧的"…"按钮，修改项目文件夹的保存位置，否则默认存放位置为Visual C++的安装目录下的MyProjects文件夹。最后单击"OK"按钮，打开"Win32 Console Application–Step 1 of 1"对话框，如图1.3所示。

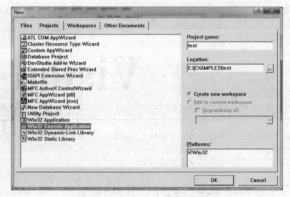

图1.2 "New"对话框

② 该对话框提供了四种项目的类型，选择不同的选项，意味着系统会自动生成一些程序代码，为项目增加相应的功能。这里选择"An empty project"选项，则生成一个空白的项目。单击"Finish"按钮，弹出"New Project Information"对话框，显示出将要创建项目的有关信息，如图1.4所示。

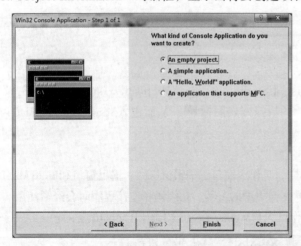

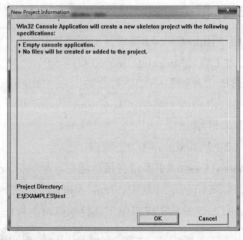

图1.3 "Win32 Console Application–Step 1 of 1"对话框　　图1.4 New Project Information对话框

③ 单击"OK"按钮完成项目的创建，此时在选定的存储位置处，即在E:\Examples文件夹下创建名为test的项目文件夹，里面存放了项目中的各个文件，包括工作区文件test.dsw、项目文件test.dsp、参数文件test.opt等以及Debug文件夹，并且在工作区窗口中打开该项目。

（2）创建源程序文件。创建一个项目之后，就可以在该项目中创建源程序了。

① 选择"File"菜单中的"New"命令，弹出"New"对话框，选择"Files"选项卡，如图1.5所示，其中列出了可创建的文件类型。

选择"C++ Source File"选项，新建C++源程序文件；在"File"编辑栏中输入新建文件名，如test1；注意选中"Add to project"复选框，以便将创建的源文件添加到项目中。单击"OK"按钮，创建了源文件test1.cpp，并在右边的文件编辑窗口将其打开，此时就可以开始输入程序代码，如图1.6所示。

② 在右侧窗口中输入例1.1中的源程序代码，如图1.7所示。编辑完源文件后，单击工具栏中的"Save"按钮保存源文件。

实验一　Visual C++ 6.0开发环境及简单应用程序的创建

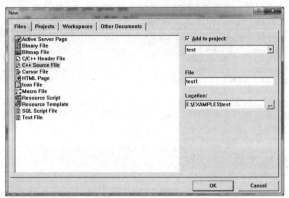

图1.5　"New"对话框中的"Files"标签

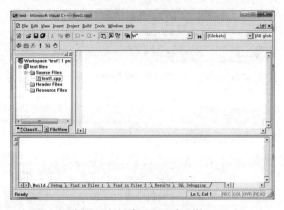

图1.6　在项目中创建了源程序文件test1.cpp

【例1.1】编写程序，该程序在控制台上显示信息"Hello world"。

源程序：

```
#include <iostream>                //包含头文件
using namespace std;               //使用std命名空间
int main()
{
    cout<<"Hello world"<<endl;
    return 0;
}
```

> **注意：**
> 　　单击文本编辑窗口的关闭按钮 ✕，可将正编辑的源文件test1.cpp关闭。若需要再次打开，可在工作区窗口选择"FileView"选项卡，将文件夹展开，双击"Source Files"，可看到源文件test1.cpp，双击该文件，即可将其在右面的编辑窗口打开。

（3）编译源程序文件。

单击工具栏上的"Compile"按钮 ![] 或按【Ctrl+F7】组合键，则在Output窗口显示编译结果。此时源程序中没有错误，显示无错误，成功生成目标程序test1.obj，如图1.8所示。

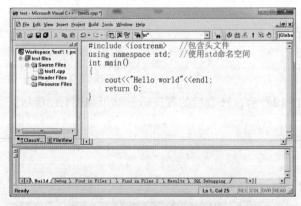

图1.7　输入test1.cpp的源代码

图1.8　对程序进行编译

（4）连接生成可执行程序。

单击工具栏上的"Build"按钮 ![] 或按【F7】键，则连接生成可执行程序test.exe，可在Output窗口看到成功生成可执行程序的信息，如图1.9所示。如果连接出错，则在输出窗口显示错误信息。

编译生成的目标程序（.obj）和连接生成的可执行程序（.exe）存放在项目文件夹test下的Debug文件夹中，如图1.10所示。

C++程序设计实验教程

图1.9 对程序进行连接

图1.10 Debug文件夹

（5）运行程序。

生成可执行程序后，单击工具栏上的"Execute Program"按钮！或按【Ctrl+F5】组合键，运行该程序。程序的运行结果会显示在一个DOS窗口，如图1.11所示。

（6）打开和修改已有程序。

若要打开和修改以前编写好的程序，需要用Visual C++重新打开，在完成修改后，再编译、连接、运行。一

图1.11 程序运行结果

个程序对应一个项目，要打开一个程序，就是要打开它对应的项目的工作区文件（.dsw），并不是打开它的源程序文件（.cpp），请初学者一定要注意。

选择"File"菜单中的"Open Workspace"命令，打开"Open Workspace"对话框，选择驱动器、文件夹和项目工作区文件，单击"打开"按钮即可打开程序。或在项目文件夹中双击相应的工作区文件（扩展名为.dsw，例test.dsw），也可打开程序。

【例1.2】 打开例1.1中的test.dsw，修改test1.cpp，在控制台上显示两行信息"Hello world"和"This is my first program"。

源程序：

```cpp
#include <iostream>                  //包含头文件
using namespace std;                 //使用std命名空间
int main()
{
    cout<<"Hello world"<<endl;
    cout<<"This is my first program"<<endl;
    return 0;
}
```

在打开的test1.cpp源程序中，修改程序代码，如图1.12所示，修改后的程序运行结果如图1.13所示，可以看到在屏幕上输出了两行信息。

图1.12 修改后的源程序

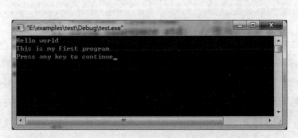

图1.13 程序运行结果

3. 查看和修改编译、连接错误

编译的目的是将C++源程序转换为机器指令代码。在编译过程中，如果遇到程序中有语法错误，则会在底部的Output窗口中显示相应的错误信息，提示程序员修改程序。作为初学者，刚编写好的程序含有错误是很正常的，即使是非常熟练的专业程序员也很难一次就编写出完全没有错误的源程序。实际上重要的不是程序中是否有错误，而是如何将这些错误找到并进行修改。一般来说，一个源程序从输入到通过编译，往往要重复很多次编译、修改、再编译的过程。

若无错误，则编译成功，生成目标程序。如果出现了错误，则会在Output窗口显示错误的类型、错误所在行以及错误的原因。此时，双击错误信息或按【F4】键，则会在编辑窗口的左侧出现一个箭头指示发现错误的语句行，以便修改源程序。应该说C++的编译器虽然可以查出错误，但是对错误的说明可能并不十分准确，而且一个实际错误往往会引出若干条错误说明，因此在检查错误时，应首先查看第一个错误出现的位置，在改正了该错误后，可以先进行编译，此时往往会发现错误的数目已经大大减少。重复此过程直到所有的错误均已修改，然后再连接、运行程序。

在连接阶段也可能出现一些错误提示，与编译错误提示信息不同的是连接错误不指出错误发生的详细位置，这是因为连接的对象是目标程序，与源程序格式有很大差别，不容易确定错误的准确位置。

连接阶段出现的错误一般比较少，大多数是因为在程序中调用了某个函数，而连接程序却找不到该函数的定义。初学者经常发生的连接错误是程序中没有主函数或有两个主函数，前者是因为把主函数名main拼错了，如写成了mian；后者是因为编制下一个新程序时没有新建项目，而只新建了源程序文件，使得一个项目中有了两个主函数。在找到连接错误的原因并修改以后，一定要重新编译后才能再次进行连接。

【例1.3】编写程序，计算并输出边长为2和3的长方形的面积。

源程序：

```
//计算矩形的面积
#include <iostream>
using namespace std;
int main()
{
    int a, b, s;
    a = 2;
    b = 3;
    s = a * b;
    cout<<"area = "<<s<<endl;
    return 0;
}
```

步骤：

① 参照例1.1，创建C++项目，选择Win32 Console Application，项目名称为area，保存位置为E:\Examples。如果还打开着上一个程序，在"New"对话框中默认选项卡是"Files"，一定选择"Projects"选项卡，为新程序创建一个新项目。

② 创建C++源程序，命名为rec.cpp。

③ 输入源程序代码，为说明如何查看和修改编译和连接问题，按如下代码进行输入：

```
#include <iostream>
using namespace td;
int mian()
{
    int a, b, s
    a = 2;
    b = 3;
    s = a * b;
    cout<<"area = "<<s<<endl;
    return 0;
}
```

④ 编译。单击工具栏上的"Compile"按钮，编译源程序文件。从底部的输出窗口可看到有5条编译错误。双击输出窗口中的第一条错误，或按【F4】键，在源程序编辑窗口中出现一个箭头，指向该错误对应的代码行，如图1.14所示。该错误信息为：'td'：does not exist or is not a namespace，因此需将该行中的td修改为std，而后再次单击"Compile"按钮，显示只有一条错误，再次双击此错误信息，箭头指向a = 2;那一行，如图1.15所示。错误信息missing ';' before identifier 'a'，表示在标识符a之前缺少分号，因此需在上一行的int a, b, s后添加分号。修改完毕后再次单击"Compile"按钮，编译成功，生成目标文件rec.obj。

图1.14　第一次编译后的结果　　　　　　图1.15　第二次编译后的结果

⑤ 连接。单击工具栏上的"Build"按钮或使用【F7】键进行连接，此时在Output窗口中显示有两条连接错误，如图1.16所示。错误信息显示unresolved external symbol _main，检查源程序中的main函数的定义发现误将main写成了mian，由于C++程序中必须有且只能有一个主函数main()，在连接过程中未找到main()函数，从而造成了连接错误。修改完成后再次进行连接，如图1.17所示，连接成功，生成了area.exe文件。

 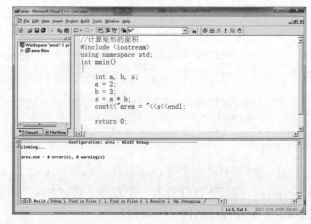

图1.16　第一次连接后的结果　　　　　　图1.17　第二次连接后的结果

⑥ 运行。单击工具栏上的"Execute Program"按钮或使用【Ctrl+F5】组合键，运行程序，程序运行结果如图1.18所示。

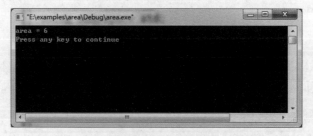

图1.18　程序运行结果

> **说明：**
> 在完成一个程序的编译、连接和运行后，若需要再创建一个新程序，此时需要重新创建项目、创建源文件，不能在同一个项目中添加两个包含main()主函数的源文件，否则会出现连接错误。
> 如果源程序文件没有经过编译，而直接单击工具栏上的"Build"按钮进行连接，系统会自动进行编译，编译无误后才能连接。同样的，如果没有编译、连接而运行程序，系统也要依次进行编译、连接后才能运行程序。

4. 查看和修改运行错误

有些程序在编译、连接时都没有错误，能够运行，但是得到的运行结果却和预期的结果不同，例如，计算结果错误、死循环（进入循环后无法终止循环）、对只读的内存空间进行写操作等，这类错误就是运行错误，运行错误也称为逻辑错误。通常导致运行错误的原因有如下几种：

① 程序书写错误，例如，在循环结构中修改循环控制变量的表达式应该写作i++，却写作了i--。
② 程序的算法有误，对各种情况考虑不周。
③ 数组元素的下标越界，对未分配的内存空间进行写数据的操作等。

运行时的错误通常比较隐蔽，不容易发现，需要检查程序的算法、逻辑以及执行过程是否正确等。此时，可使用调试工具跟踪程序的执行，以便找出程序中的真正错误。

常用的调试手段为：

（1）设置断点（Breakpoint）。

所谓断点，实际上就是告诉调试器在何处暂时中断程序运行，以便查看程序的状态以及浏览和修改变量的值等。在程序中设置和清除断点可使用如下方式：

① 按快捷键【F9】。
② 单击Build工具栏中的 按钮。
③ 在需要设置（或清除）断点的位置上右击，在弹出的快捷菜单中选择"Insert/Remove Breakpoint"命令。

利用上述方式可以将断点设置在程序源代码中指定的一行上，或者某函数的开始处，或指定的内存地址上。一旦断点设置成功，则断点所在代码行的最前面的窗口页边距上将显示一个红色的实心圆。

（2）单步跟踪。

当程序在断点处暂停时，就进入了单步跟踪状态。通过单步跟踪，可以逐条语句或逐个函数地执行程序，每执行完一条语句或一个函数，程序就暂停，因此可逐条语句或逐个函数地检查它们的执行结果。

对程序的单步跟踪执行有以下几个选择：

① Step Into（【F11】）：执行一条语句，如果此语句中有函数调用，则进入该函数内部，在该函数的第一行代码处暂停。
② Step Over（【F10】）：执行一条语句，如果此语句中有函数调用，则把整个函数视为单步一次执行。
③ Step Out（【Shift+F11】）：继续执行程序，当遇到断点或返回函数调用者时暂停。如果当前执行位置是在某一函数内，可使程序快速跳出该函数。
④ Run to Cursor（【Ctrl+F10】）：将光标定位在某行代码上并使用这个命令，程序会执行到断点或光标定位的那行代码暂停。
⑤ Stop Debugging（【Shift+F5】）：程序运行终止，回到编辑状态。

（3）Watch窗口。

当程序暂停时，除了可以控制它的执行，还可以通过监视窗口来查看和修改各个变量的值。为了更好地进行程序调试，调试器提供一系列的窗口，用来显示各种不同的调试信息。借助View菜单下的Debug Windows子菜单可以访问它们。事实上，当用户启动调试器后，Visual C++ 6.0的开发环境会自动显示出

Watch和Variables调试窗口，且Output窗口自动切换到Debug页面。综合使用监视窗口和单步跟踪功能，可找出程序中隐藏的逻辑错误。

以上是程序调试的一些基本方法。当然，Visual C++ 6.0功能强大的调试器还能调试断点、异常、线程、OLE以及远程调试等，且支持多平台和平台间的开发，有兴趣的读者可进一步查阅相关资料。

5. 熟悉Visual C++ 6.0集成环境其他常用操作

（1）程序的打开与关闭。

要打开一个程序，只要打开其项目的工作区文件（扩展名为.dsw）即可。选择File→Open Workspace菜单命令，打开"Open Workspace"对话框，选择驱动器、文件夹和项目工作区文件，单击"打开"按钮打开程序；或者，从File→Resent Workspaces级联菜单中选择最近操作过的工作区文件；还可以从Windows资源管理器窗口找到存放项目的文件夹，双击其中的工作区文件（扩展名为.dsw，例test.dsw），可打开程序。

> 注意：
> 一个程序对应一个项目，要打开一个程序，就是要打开它对应的项目的工作区文件（.dsw），并不是打开它的源程序文件（.cpp），请初学者一定要注意。
> 使用"File"→"Save Workspace"菜单命令，可保存当前打开的项目。
> 选择"File"→"Close Workspace"菜单命令，可将当前打开的项目关闭。

（2）工作区窗口（Workspace）。

工作区窗口一般位于Visual C++ 6.0主窗口的左侧，如果没有显示，可在菜单栏或工具栏区的空白处右击，从快捷菜单中选择"Workspace"命令将其打开，也可以选择"View"菜单下的"Workspace"命令。使用同样的方法可控制输出窗口Output的显示。

打开例1.1的工作区文件test.dsw，在工作区窗口中选择"FileView"选项卡，单击顶层"test files"前的"+"或双击其前的图标，将其展开；再单击"Source Files"前的"+"，显示出项目中已经创建的源程序文件。对项目的很多操作都可在工作区窗口中进行，例如：

① 打开文件。双击test1.cpp源程序文件，可在右边的文本编辑窗口将其打开。

② 删除文件。单击test1.cpp文件选中它，选择"Edit"→"Delete"菜单命令或直接按【Del】键，将该文件从项目中删除，但文件依然存放在硬盘上。

③ 将已有的文件添加到项目中。选择"Project"→"Add To Project"→"Files…"菜单命令，或者在工作区窗口中的"Source Files"文件夹上右击，从快捷菜单中选择"Add Files to Folder"命令；在弹出的"Insert Files into Project"对话框中，选择test1.cpp文件，单击"OK"按钮，将文件添加到项目中。

④ 在工作区窗口右击源程序文件test1.cpp，从快捷菜单中选择"Compile test.cpp"命令进行编译。

（3）熟悉Build MiniBar工具栏。

在操作中，使用工具栏比菜单更为方便。在编制程序过程中，经常要进行程序的编译、连接和运行，可使用Build MiniBar工具栏中的按钮来操作，还可以使用更快捷的热键，如图1.19所示。

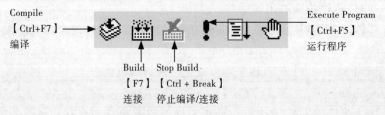

图1.19 Build MiniBar工具栏

如果Visual C++ 6.0中没有显示Build MiniBar工具栏，可在工具栏区右击，从快捷菜单中选择"Build MiniBar"命令将其显示出来。

三、实验内容

1. 单选题

（1）在一个C/C++程序中，_____。
    A．main()函数出现在所有函数之前
    B．main()函数可以在任何地方出现
    C．main()函数出现在所有函数之后
    D．main()函数出现在固定位置

（2）以下叙述中正确的是：_____。
    A．一个控制台类型的项目只能有一个源文件
    B．一个控制台类型的项目只能有一个头文件
    C．一个控制台类型的项目只能有一个main()函数
    D．一个控制台类型的项目只能有一个函数

（3）一个C++程序的执行是从_____。
    A．main()函数开始，直到main()函数结束
    B．第一个函数开始，直到最后一个函数结束
    C．第一个语句开始，直到最后一个语句结束
    D．main()函数开始，直到最后一个函数结束

（4）若在Visual C++中打开一个项目，只需打开对应的项目工作区文件，项目工作区文件的扩展名为_____。
    A．.cpp   B．.exe   C．.obj   D．.dsw

（5）以下关于C语言和C++关系的描述中，正确的是_____。
    A．C语言是C++的子集
    B．C++对C语言进行了改进
    C．C++与C语言都是面向对象的语言
    D．C++继承了C语言的众多优点

2. 编程题

（1）修改例1.3，使其能计算并输出长方形的周长和面积。

（2）编写程序，输出三行文字"Big data" "Internet+" "Deep learning"。

（3）创建程序，按如下代码输入，进行编译、连接和运行，分别观察显示的编译错误、连接错误和运行错误，并进行修改。

```
#include <iostream>
using namespace std;
int mian()
{
    int a, b, c;
    c = a + b;
    a = 1;
    b = 2;
    cout>>c>>end;

    return 0;
}
```

四、问题讨论

（1）一个C++程序中可否包含两个main()函数？

（2）编写完成一个程序后，如何创建下一个程序？

（3）创建程序，按如下程序代码输入，而后编译、连接、运行。

```
#include <iostream>
using namespace std;
int main()
```

```
{
    int a, b, c;
    cout<<"Enter a = ";
    cin>>a;                              //输入a
    cout<<"Enter b = ";
    cin>>b;                              //输入b
    c = a * b;                           //计算a和b的乘积存入c
    cout<<"a * b = "<<c<<endl;           //输出结果
    return 0;
}
```

试思考，如何修改程序，当输入a为12，b为11时，使得运行结果为：

12 * 11 = 132

当输入a为36，b为18时，使得运行结果为：

36 * 18 = 648

实验二 输入/输出与顺序结构

一、实验目的

（1）掌握C++输入流和输出流的使用方法。
（2）掌握编写顺序结构程序的基本方法。
（3）了解C++程序的执行过程，能写出程序的运行结果。

二、范例分析

【例2.1】变量与常量的输出。

分析：本题分别对整型、双精度和字符型的变量及常量进行输出，'\n'与endl的作用相同，均表示换行。

源程序：
```
#include <iostream>
using namespace std;
int main()
{
    int a=100;
    double b=120.5;
    char c='g';
    cout<<"a="<<a<<"\nb="<<b<<"\nc="<<c<<endl<<200<<'x'<<20.5<<endl;
    return 0;
}
```

运行结果：

a=100
b=120.5
c=g
200x20.5

【例2.2】字符串的输出。

分析：字符串中可包含转义字符'\n'。

源程序：
```
#include <iostream>
using namespace std;
int main()
{
    cout <<"Hello\nWelcome to Beijing!\n";
    return 0;
}
```

运行结果：
```
Hello
Welcome to Beijing!
```

【例2.3】对整型、实型和字符型数据进行输入，然后再将其输出。

分析：注意在输入数据时，使用空格、【Tab】键或【Enter】键作为数据之间的分隔符，输入结束后按回车键返回。

源程序：
```
#include <iostream>
using namespace std;
int main()
{
    int a;
    double b;
    char c;
    cout<<"Enter an integer, a real number, a character: ";
    cin>>a>>b>>c;
    cout<<"a = "<<a<<"\tb = "<<b<<"\nc = "<<c<<endl;
    return 0;
}
```

运行结果：
```
Enter an integer, a real number, a character: 3 4.5 T
a = 3    b = 4.5
c = T
```

【例2.4】输入圆的半径，计算圆的面积和周长。

分析：问题中涉及三个数据：圆的半径、面积和周长；定义三个变量r、s和l来存放；考虑到这些数据都可能有小数，所以定义为double型。首先从键盘输入圆半径到变量r中，然后计算s和l的值，最后输出。计算公式为：

$$圆面积 S=\pi R^2$$
$$圆周长 L=2\pi R$$

源程序：
```
#include <iostream>
using namespace std;
int main()
{
    double r,s,l;                          //定义三个变量存放圆的半径、面积和周长
    cout<<"Enter R=";
    cin>>r;                                //输入圆半径
    s=3.1416*r*r;
    l=2.0*3.1416*r;
    cout<<"S="<<s<<endl;                   //输出面积S
    cout<<"L="<<l<<endl;                   //输出周长L
    return 0;
}
```

运行结果：
```
Enter R=4
S=50.2656
L=25.1328
```

【例2.5】输入圆柱体的半径与高，输出其表面积和体积。

分析：程序中需要使用4个变量分别保存半径、高、表面积和体积，都设置为double型。在计算表面积和体积的过程中需要使用圆周率，因此定义符号常量PI来存放它的值。

```
#include <iostream>
```

```
using namespace std;
const double PI = 3.14159;              //定义符号常量PI
int main()
{
    double r, h, area, volume;          //定义变量
    cout<<"Enter r and h: ";            //提示用户输入半径和高
    cin>>r>>h;                          //输入半径和高
    area = 2 * PI * r * (r + h);        //计算表面积
    volume = PI * r * r * h;            //计算体积
    cout<<"SurfaceArea = "<<area<<endl; //输出表面积
    cout<<"Volume = "<<volume<<endl;    //输出体积
    eturn 0;
}
```

运行结果：

Enter r and h: 1 10
SurfaceArea = 69.115
Volume = 31.4159

【例2.6】输入梯形的上边长、下边长及高度，计算梯形的面积。

分析：根据题目的要求，首先定义变量a、b、h、area存放梯形的上边长、下边长、高和面积，仍然按照输入、计算、输出的顺序完成。梯形的面积公式为：

$$\text{area} = \frac{1}{2}(a+b) \times h$$

源程序：

```
#include <iostream>
using namespace std;
int main()
{
    double a,b,h,area;
    cout<<"Enter a,b,h=";
    cin>>a>>b>>h;                       //输入上边长、下边长、高到变量a、b、h中
    area=(a+b)*h/2;                     //计算面积
    cout<<"area="<<area<<endl;          //输出面积S
    return 0;
}
```

运行结果：

Enter a,b,h=4 7 5
area=27.5

注意求面积公式，如果写成：

area=1/2*(a+b)*h;

因为1/2的值为0，使得面积总为0。必须将1或2作为浮点常数，写成：

area=1/2.0*(a+b)*h;

或

area=1.0/2*(a+b)*h;

或

area=0.5*(a+b)*h;

【例2.7】已知物体以V_0的初速度水平射出，此时离地面的高度为H，求物体落地前的时间T和水平射程S。由物理学知识可知计算公式为：

$$T = \sqrt{2H/g} \quad \text{其中} g=9.8$$
$$S = V_0 T$$

分析：根据题目的要求，V_0和H从键盘直接输入，然后利用公式求T和S的值，最后输出。因为计算中使用了sqrt()函数求平方根，所以要包含cmath头文件。

源程序：
```cpp
#include <iostream>
#include <cmath>                    //程序中使用了开平方函数sqrt()
using namespace std;
int main()
{
    double v0, h, t, s;
    double g = 9.8;
    cout<<"Enter V0 and H = ";
    cin>>v0>>h;                     //输入初速度和高度
    t = sqrt(2 * h / g);
    s = v0 * t;
    cout<<"T = "<<t<<endl;          //输出时间T
    cout<<"S = "<<s<<endl;          //输出射程S
    return 0;
}
```

运行结果：
Enter V0 and H = 8 72
T = 3.83326
S = 30.6661

三、实验内容

1. 阅读程序，写出运行结果

（1）下面程序的运行结果为_____。
```cpp
#include <iostream>
using namespace std;
int main()
{
    int i=5,j=10;
    cout<<"i+j="<<i+j<<endl;
    cout<<"i*j="<<i*j<<endl;
    return 0;
}
```

（2）下面程序的运行结果为_____。
```cpp
#include <iostream>
using namespace std;
int main()
{
    int a=5,b=9,t;
    t=a;
    a=b;
    b=t;
    cout<<"a="<<a<<"\tb="<<b<<endl;
    return 0;
}
```

2. 程序填空

（1）下面程序的功能是：输入23 45并回车后，运行结果为：23+45=68。
```cpp
#include <iostream>
using namespace std;
int main()
{
    int i,j,k;
    cout<<"Enter two integers: ";
```

```
        cin>>i>>j;
        ___①___;
        cout<<___②___<<k<<endl;
        return 0;
    }
```

（2）下面程序的功能是：输入任意一个字符，输出它的ASCII码值。

例如输入：D，则输出：char=D ASCII=68
例如输入：y，则输出：char=y ASCII=121

```
#include <iostream>
using namespace std;
int main()
{
    char c;
    int a;
    cout<<"Enter a character: ";
    cin>>c;
    ___①___;
    cout<<___②___<<endl;
    return 0;
}
```

3. 程序改错

阅读下面的程序，指出程序中的错误并修改。该程序的功能是输入球的半径，计算球的表面积和体积。

```
#include <iostream>
using namespace std;
int main()
{
    double r, s = 3.1416*r*r, l;
    l=2.0 * 3.1416 * r;
    cout<<"Enter R: ";
    cin>>r;
    cout<<"S="<<s<<endl;
    cout<<"L="<<l<<endl;
    return 0;
}
```

4. 编程题

（1）输入华氏温度F，计算输出对应的摄氏温度。由华氏温度F求摄氏温度c的公式为：

$$c=\frac{5}{9}(F-32)$$

（2）输入学生的语文、数学、英语、物理4门课程的成绩，计算该学生的总成绩和平均成绩并输出。

（3）编写程序，从键盘输入一个大写英文字母，输出对应的小写字母。

四、问题讨论

（1）简述C++输入流和输出流的使用方法。
（2）简述简单C++程序的执行过程。
（3）简述编写顺序结构C++程序的方法。

实验三 选择结构程序设计

一、实验目的

（1）掌握关系表达式、逻辑表达式的书写。
（2）掌握if语句的书写形式、功能及执行过程。
（3）掌握switch语句和break语句的书写形式、功能及执行过程。
（4）根据题目要求，学会用if语句、switch语句和break语句进行选择结构的程序设计。
（5）掌握选择结构程序设计与调试的基本方法。

二、范例分析

【例3.1】输入一个字符，如果是小写字母，将它转换成大写字母；若为其他字符则直接输出。例如，若输入'a'，则输出'A'；若输入'%'，输出仍为'%'。

分析：若输入的字符为小写字母，将其值减32即可得到对应的大写字母的ASCII码。如果不是小写字母，则不对其进行转换，因此可使用if语句的单分支形式实现。因为是对字符型数据进行操作，要定义字符型变量进行保存。

源程序：

```
#include <iostream>
using namespace std;
int main()
{
    char ch;                    //定义一个字符型变量ch存放输入的字符
    cout<<"Enter a character: ";
    cin>>ch;
    if(ch >= 'a' && ch <= 'z')
        ch -= 32;
    cout<<ch<<endl;
    return 0;
}
```

运行两次该程序，分别输入t和%，则输出结果分别为：

```
Enter a character: t
T

Enter a character: %
%
```

【例3.2】输入三个整数,输出其中的最小值。

分析:求三个数中的最小值,可使用打擂法。即设置变量min,用于存放最小值,并将第一个数赋给min,将其作为最小值。然后分别将第二个数和第三个数与min进行比较,将较小者赋给min变量,从而得到三个数中的最小值。

源程序:
```
#include <iostream>
using namespace std;
int main()
{
    int a, b, c, min;
    cout<<"Enter a, b, c: ";
    cin>>a>>b>>c;
    min = a;             //假设第一个数据是最小值,赋给min
    if(b < min)          //将b与min比较,若b小于min,则将其赋给min
        min = b;         //则min中为a与b的最小值
    if (c < min)         //将c与min比较,若c小于min,则将其赋给min
        min = c;
    cout<<"min = "<<min<<endl;
    return 0;
}
```

运行结果:
```
Enter a, b, c: 1 2 3
min = 1
```

【例3.3】编写程序计算分段函数y的值。

$$y = \begin{cases} x^3 + 3x & (x \geq 0) \\ x^2 + 4 & (x < 0) \end{cases}$$

分析:本题中,根据x值是否大于等于0的不同取值,函数值y的计算公式也不同。因此,对于输入的x值,要进行判断,以确定要用哪个分支计算y的值。

源程序:
```
#include <iostream>
using namespace std;
int main()
{
    double x,y;
    cout <<"Enter x = ";
    cin>>x;
    if(x >= 0)
        y = x * x * x + 3 * x;
    else
        y = x * x + 4;
    cout <<"y = "<<y<<endl;
    return 0;
}
```

运行两次程序,分别输入2和-2,运行结果为:
```
Enter x = 2
y = 14

Enter x = -2
y = 8
```

【例3.4】 编写程序计算分段函数y的值。

$$y = \begin{cases} x^2 - 4 & (x \leq 0) \\ x & (0 < x \leq 3) \\ x^2 + 4 & (x > 3) \end{cases}$$

分析：本题是一个多分支问题。根据题目可以在坐标轴上画出y值的求解区间，如图3.1所示。由图可知，两个判断点形成了三个区间，构成三个分支，因此可采用三种选择结构设计：方法1用三个并列的if语句来实现，三个if语句间无排斥关系，每次运行程序三个if语句都进行条件判断，效率最低；方法2使用if语句嵌套结构设计；方法3使用if语句形式三的if-else if结构来实现，结构最清晰、效率最高，是最好的设计方法。

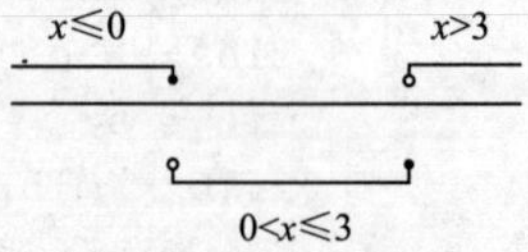

方法1源程序：

```cpp
#include <iostream>
using namespace std;
int main()
{
    double x, y;
    cout<<"Enter x = ";
    cin>>x;
    if(x > 3)
        y = x * x + 4;
    if(x > 0 && x <= 3)
        y = x;
    if(x <= 0)
        y = x * x - 4;
    cout<<"y = "<<y<<endl;
    return 0;
}
```

图3.1 区间表示

方法2源程序：

```cpp
#include <iostream>
using namespace std;
int main()
{
    double x, y;
    cout<<"Enter x = ";
    cin>>x;
    if(x > 0)
    {
        if(x <= 3)
            y = x;
        else
            y = x * x + 4;
    }
    else
        y = x * x - 4;
    cout<<"y = "<<y<<endl;
    return 0;
}
```

方法3源程序：

```cpp
#include <iostream>
using namespace std;
int main()
{
    double x, y;
    cout<<"Enter x = ";
```

```
cin>>x;
if (x > 3)
    y = x * x + 4;
else if (x > 0)
    y = x;
else
    y = x * x - 4;
cout<<"y = "<<y<<endl;
return 0;
}
```

分别运行3次程序，输出结果分别为：

```
Enter x = 1
y = 1

Enter x = -2
y = 0

Enter x = 5
y = 29
```

【例3.5】编写程序计算分段函数y的值。

$$y = \begin{cases} x^2 - 4 & (0 < x \leq 0) \\ x & (1 < x \leq 3) \\ x^2 + 4 & (3 < x \leq 5) \end{cases}$$

分析：该题与例3.4类似，只是x的取值范围不同。在坐标轴上可画出x的取值范围，4个点形成了5个区间，如图3.2所示。这里要注意有两个无效区间，即：x≤0及x>5，此时函数y没有有效值，所以需用if嵌套结构。

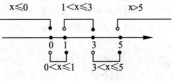

图3.2　区间表示

源程序：
```
#include <iostream>
using namespace std;
int main()
{
    double x, y;
    cout<<"Enter x = ";
    cin>>x;
    if(x <= 0 || x > 5)
        cout<<"Input error!"<<endl;
    else
    {
        if(x <= 1)
            y = x * x - 4;
        else if(x <= 3)
            y = x;
        else
            y = x * x + 4;
        cout<<"y = "<<y<<endl;
    }
    return 0;
}
```

分别运行5次程序，第1次运行结果：

```
Enter x = 1
y = -3
```

第2次运行结果：

Enter x = 2
y = 2

第3次运行结果：

Enter x = 4
y = 20

第4次运行结果：

Enter x = -2
Input error!

第5次运行结果：

Enter x= 6
Input error!

【例3.6】 判断闰年问题，输入年份，输出该年是否为闰年。

分析：设year为年份，则判断闰年的条件是：

year不能被4整除，则year不是闰年；

year能被4整除，不能被100整除，则year是闰年；

year能被100整除，不能被400整除，则year不是闰年；

year能被400整除，则year是闰年。

方法1：利用else if实现多分支结构。

源程序：

```
#include <iostream>
using namespace std;
int main()
{
    int year;
    cout<<"Enter the year: ";
    cin>>year;
    if (year % 4)                //当year不能被4整除时，也可以表示为：(year%4!=0)
        cout<<year<<" is not a leap year.\n";
    else if(year % 100)          //当year能被4整除而不能被100整除时
        cout<<year<<" is a leap year.\n";
    else if(year % 400)          //当year能被100整除而不能被400整除时
        cout<<year<<" is not a leap year.\n";
    else                         //此时year能被400整除
        cout<<year<<" is a leap year.\n";
    return 0;
}
```

方法2：使用if嵌套实现多分支结构。

源程序：

```
#include <iostream>
using namespace std;
int main()
{
    int year;
    cout<<"Enter the year:";
    cin>>year;
    if(year % 4 == 0)
        if(year % 100 == 0)
            if(year % 400 == 0)
                cout<<year<<" is a leap year.\n";
            else
```

```
            cout<<year<<" is not a leap year.\n";
        else
            cout<<year<<" is a leap year.\n";
    else
        cout<<year<<" is not a leap year.\n";
    return 0;
}
```

方法3：本问题可使用逻辑表达式以避免复杂的分支结构。因为闰年包含两种情况：年份能被4整除并且不能被100整除、年份能被400整除，否则不是闰年，因此可用双分支形式实现。

源程序：

```
#include <iostream>
using namespace std;
int main()
{
    int year;
    cout<<"Enter the year: ";
    cin>>year;
    if(year % 4 == 0 && year % 100 != 0 || year % 400 == 0)
        cout<<year<<" is a leap year.\n";
    else
        cout<<year<<" is not a leap year.\n";
    return 0;
}
```

运行两次程序，分别输入2000和1900，第1次运行结果：

Enter the year: 2000
2000 is a leap year.

第2次运行结果：

Enter the year:1900
1900 is not a leap year.

【例3.7】 当从键盘输入某个字符时，输出相应信息。例如，当输入字符'A'或'a'时，则输出：You Pressed Key a。当key为除'a' 'b' 'c' 'd'或'A' 'B' 'C' 'D'的其他字符时，给出提示信息：You pressed other Key。

分析：本题可利用switch语句和break语句实现多分支。在输入字符后，首先将大写字母转换成小写字母，然后判断输入字符是否为'a' 'b' 'c' 'd'，如是进行输出，否则输出提示信息。

源程序：

```
#include <iostream>
using namespace std;
int main()
{
    char key;
    cout<<"Enter a character: ";
    cin>>key;
    key >= 'A' && key <= 'Z' ? key += 32 :key;
    switch(key)
    {
    case 'a':
        cout <<"You pressed Key a"<<endl;
        break;
    case 'b':
        cout <<"You pressed Key b"<<endl;;
        break;
    case 'c':
        cout <<"You pressed Key c"<<endl;;
```

```
            break;
        case 'd':
            cout <<"You pressed Key d"<<endl;;
            break;
        default:
            cout <<"You pressed other Key"<<endl;;
    }
    return 0;
}
```

第1次运行结果：

Enter a character: A
You pressed Key a

第2次运行结果：

Enter a character: d
You pressed Key d

第3次运行结果：

Enter a character: F
You pressed other Key

第4次运行结果：

Enter a character: #
You pressed other Key

【例3.8】求一元二次方程$ax^2+bx+c=0$的根，其中a、b、c为方程的系数。

分析：对于一元二次方程，当a、b、c为不同的值时，方程有不同的根。

（1）当$a \neq 0$时，一元二次方程的根有三种情况：

① 当$b^2-4ac<0$时，有两个共轭复根；

② 当$b^2-4ac \geq 0$时，有两个实根。

（2）当$a=0$时，一元二次方程变为$bx+c=0$，这时要视b，c的情况而定：

① 当$b \neq 0$，$c \neq 0$时，$x=-c/b$；

② 当$b=0$，$c \neq 0$时，无解；

③ 当$b=0$，$c=0$时，无穷多解。

源程序：

```cpp
#include <iostream>
#include <cmath>
using namespace std;
int main()
{
    double a, b, c, dt;
    double x1, x2;
    cout<<"Enter a, b, c: ";
    cin>>a>>b>>c;
    if (a != 0)
    {
        dt = b * b - 4 * a * c;
        if (dt >= 0)                      // 若dt大于等于0，计算两个实根
        {
            x1 = (-b + sqrt(dt)) / 2 / a;
            x2=(-b - sqrt(dt)) / 2 / a;
            cout<<"x1 = "<<x1<<endl<<"x2 = "<<x2<<endl;
        }
        else                              //若dt小于0，计算虚根
        {
```

```
                x1 = -b / 2 / a;
                x2 = sqrt(-dt) / 2 / a;
                cout<<"x1 = "<<x1<<" + "<<fabs(x2)<<"i"<<endl;
                cout<<"x2 = "<<x1<<" - "<<fabs(x2)<<"i"<<endl;
            }
        }
        else if (b != 0)
        {
            x1 = -c / b;
            cout<<"x = "<<x1<<endl;
        }
        else if (c != 0)
            cout<<"Error! "<<endl;
        else
            cout<<"Infinite solutions"<<endl;
    return 0;
}
```

分别运行6次程序，第1次运行结果：

Enter a, b, c: 1 3 2
x1 = -1
x2 = -2

第2次运行结果：

Enter a, b, c: 1 2 1
x1 = -1
x2 = -1

第3次运行结果：

Enter a, b, c: 2 1 2
x1 = -0.25 + 0.968246i
x2 = -0.25 - 0.968246i

第4次运行结果：

Enter a, b, c: 0 2 3
x = -1.5

第5次运行结果：

Enter a, b, c: 0 0 2
Error!

第6次运行结果：

Enter a, b, c: 0 0 0
Infinite solutions

三、实验内容

1. 单选题

（1）判断char型变量ch的值是否为数字字符，正确的表达式是_____。

    A. '0'<=ch<='9'   B. (ch>='0')&(ch<='9')

    C. (ch>='0')&&(ch<='9')   D. (ch>='0')AND(ch<='9')

（2）下面程序的运行结果是_____。

```
#include <iostream>
using namespace std;
int main()
{
    int x = 10, y = 20, z = 30;
    if(x > y)
        z = x;
```

```
    x = y;
    y = z;
    cout<<"x = "<<x<<",y = "<<y<<",z = "<<z<<endl;
    return 0;
}
```

A. x = 10,y = 20,z = 30
B. x = 20,y = 30,z = 30
C. x = 20,y = 30,z = 10
D. x = 20,y = 30,z = 20

（3）阅读以下程序：

```
#include <iostream>
using namespace std;
int main()
{
    int a = 5, b = 0, c = 0;
    if(a = b + c)
        cout<<"***\n";
    else
        cout<<"###\n";
    return 0;
}
```

则：_____。

A. 有语法错，不能通过编译
B. 可以通过编译但不能通过连接
C. 输出 ***
D. 输出 ###

（4）以下程序的运行结果是_____。

```
#include <iostream>
using namespace std;
int main()
{
    int a = 0, b = 1, c = 0, d = 20;
    if(a)
        d -= 10;
    else if(b)
        if(!c)
            d = 15;
        else
            d = 25;
    cout<<d<<endl;
    return 0;
}
```

A.20　　　　　　B.10　　　　　　C.15　　　　　　D.25

（5）在嵌套使用if语句时，C++语言规定else总是_____。

A. 和之前与其具有相同缩进位置的if配对
B. 和之前与其最近的if配对
C. 和之前与其最近的且不带else的if配对
D. 和之前的第一个if配对

（6）有定义语句：int a=1,b=2,c=3,x;，则以下选项中各程序段执行后，x的值不为3的是_____。

A. if (c<a) x=1;
　 else if (b<a) x=1;
　 else x=3;

B. if (a<3) x=3;
　 else if (a<2) x=2;
　 else x=1;

C. if (a<3) x=3;
　 if (a<2) x=2;
　 if (a<1) x=1;

D. if (a<b) x=b;
　 if (b<c) x=c;
　 if (c<a) x=a;

（7）下列条件语句中，功能与其他语句不同的是_____。

　　A. if (a) cout<<x<<endl; else cout<<y<<endl;

　　B. if (a == 0) cout<<y<<endl; else cout<<x<<endl;

　　C. if (a != 0) cout<<x<<endl; else cout<<y<<endl;

　　D. if (a == 0) cout<<x<<endl; else cout<<y<<endl;

2. 阅读程序，写出运行结果

（1）下面程序的运行结果为_____。

```
#include <iostream>
using namespace std;
int main()
{
    int n=0,m=1,x=2;
    if (!n) x -= 1;
    if (m) x -= 2;
    if (x) x -= 3;
    cout<<x<<endl;
    return 0;
}
```

（2）以下程序运行后的输出结果是_____。

```
#include <iostream>
using namespace std;
int main()
{
    int a=3,b=4,c=5,t=99;
    if(b<a&&a<c)
        t=a;
    a=c;
    c=t;
    if(a<c&&b<c)
        t=b;
    b=a;
    a=t;
    cout<<a<<'\t'<<b<<'\t'<<c<<endl;
    return 0;
}
```

（3）以下程序运行后的输出结果是_____。

```
#include <iostream>
using namespace std;
int main()
{
    int x=1,y=0,a=0,b=0;
    switch(x)
    {
    case 1:switch(y)
           {
               case 0:a++; break;
               case 1:b++; break;
           }
    case 2:a++;b++; break;
    }
    cout<<a<<','<<b<<endl;
    return 0;
}
```

（4）下面程序的运行结果为_____。
```cpp
#include <iostream>
using namespace std;
int main()
{
    int a=13, b=21, m=0;
    switch (a%3)
    {
    case 0:m++;break;
    case 1:m++;
        switch(b%2)
        {
        default:m++;
        case 0:m++; break;
        }
    }
    cout<<m<<endl;
    return 0;
}
```

3. 编程题

（1）由键盘输入三个整数，输出其中的最大者。

（2）输入三个数作为三角形的边长，输出三角形的面积。若输入的三个数能构成三角形，则计算其面积并输出；否则输出提示信息："Can't construct a triangle"。

（3）编程求下面符号函数的值：

$$y = \begin{cases} 1 & (x>0) \\ 0 & (x=0) \\ -1 & (x<0) \end{cases}$$

（4）计算奖金。设企业利润为L，当企业利润L不超过5 000元时，奖金为利润的1.5%；当5 000<L≤10 000元时，超过5 000元部分奖金为2%（5 000元以下仍按1.5%）；当10 000<L≤20 000元，除10 000以下的按上述方法计算外，超过10 000元部分按2.5%计算奖金；如果20 000<L≤50 000元，超过20 000元部分按3%计算奖金；当50 000<L≤100 000元时，超过50 000元部分按3.5%计算奖金；当L超过100 000元时，超过100 000元部分按4%计算奖金。由键盘输入L的值，编程计算相应的奖金并输出。

（5）输入年龄，输出所处人群：9岁以下为儿童，输出A；10～19为少年，输出B；20～29为青年，输出C；30～49为中年，输出D；50以上为老年，输出E。

（6）输入t值，按如下分段函数，计算并输出S的值。

$$S = \begin{cases} t^2 & 0 \leq t < 1 \\ t^2-1 & 1 \leq t < 2 \\ t^2-2t+1 & 2 \leq t < 3 \\ t^2+4t-17 & 3 \leq t < 4 \end{cases}$$

四、问题讨论

（1）if语句和switch语句各有什么特点？可否用if语句替换switch语句？

（2）进行if语句的嵌套时应注意什么问题，请举例说明。

实验四 循环结构程序设计

一、实验目的

（1）加深理解循环结构，掌握while语句、do-while语句和for语句的使用形式及执行过程。
（2）练习用C++的循环语句编写循环程序，掌握循环结构程序的设计和调试方法。
（3）掌握循环嵌套的规则及多重循环的程序设计方法。
（4）掌握break语句和continue语句的使用方法。

二、范例分析

【例4.1】 编写程序，计算10、20、30、…、100的累加和并输出。

分析：该程序是等差数列求和问题，步长值为10。在求和时，依次将参与求和的数与累加和变量进行累加后存入累加和变量中，然后按固定值增加（或减小），直到达到边界值为止。注意，进行累加之前，要先将累加和变量赋值为零。

源程序：

```
#include <iostream>
using namespace std;
int main()
{
    int i = 10,sum = 0;      //sum为累加和变量
    while(i <= 100)
    {
        sum += i;
        i += 10;
    }
    cout<<"sum = "<<sum<<endl;
    return 0;
}
```

运行结果：

```
sum = 550
```

【例4.2】 编写程序，输入数据个数n，而后输入n个数据，计算其平均值并输出。

分析：要计算平均值，先要计算累加和。循环n次：输入数据、累加，最后求平均值、输出。对于已知次数的循环，用for语句实现使得结构更清晰。

源程序：

```
#include <iostream>
using namespace std;
```

```cpp
int main()
{
    int n;                              //n存放数据个数
    double x, aver = 0;                 //x存放输入的数据，aver存放累加和
    cout<<"Enter the number of data : ";
    cin>>n;                             //输入数据个数
    cout<<"Enter "<<n<<" numbers: "<<endl;
    for(int i = 0;i < n; i++)
    {
        cin>>x;                         //输入数据
        aver += x;                      //累加
    }
    aver /= n;                          //求平均值
    cout<<"Average = "<<aver<<endl;
    return 0;
}
```

运行结果：
Enter the number of integers : 3
Enter 3 integers:
89
71
64
Average = 74.6667

【例4.3】计算并输出下式的值：

$$1+\frac{1}{3}+\frac{1}{5}+\frac{1}{7}+\cdots+\frac{1}{99}$$

分析：该例为求累加和问题，分母从1开始，按步长2进行递增，直到99，分子为1。设置循环控制变量i，其值由1变化到99，步长为2，因此累加项可表示为1.0/i，若i为double类型，累加项可表示为1/i。

源程序：

```cpp
#include <iostream>
using namespace std;
int main()
{
    double s = 0;                       //s存放累加和
    int i;
    for (i=1;i < 100; i += 2)
        s += 1.0/i;
    cout<<"s="<<s<<endl;
    return 0;
}
```

运行结果：
s=2.93777

【例4.4】计算并输出下式的值：

$$\frac{1}{2}-\frac{1}{4}+\frac{1}{6}-\frac{1}{8}+\cdots-\frac{1}{100}$$

分析：此题与上例相似，只是累加项的符号正负交替，为此设置变量sign存放符号，使用语句sign = -sign;或sign *= -1;可使sign的值在1与-1中交替变化。

源程序：

```cpp
#include <iostream>
using namespace std;
int main()
```

```
    {
        double s=0, i, sign = 1;          //s存放累加和
        for (i = 2; i <= 100; i += 2)
        {
            s += sign / i;
            sign = -sign;
        }
        cout<<"s = "<<s<<endl;
        return 0;
    }
```
运行结果：

s = 0.341624

【例4.5】计算并输出半径r=1到r=10之间半径为整数的圆形的面积，直到面积大于100为止。

分析：面积大于100时则不需要继续进行计算，因此可使用break语句退出循环。

源程序：

```
#include <iostream>
using namespace std;
int main()
{
    int r;
    double area;
    for(r=1;r<=10;r++)
    {
        area=r*r*3.14;
        if(area>100)
            break;
        cout<<"r="<<r<<"\tarea="<<area<<endl;
    }
    return 0;
}
```

运行结果：

r=1   area=3.14
r=2   area=12.56
r=3   area=28.26
r=4   area=50.24
r=5   area=78.5

【例4.6】输入10个整数，对这10个数中的所有偶数求和并输出结果。

分析：这仍然是求和问题，只是在求和时，要对参与求和的数进行判断，如果能被2整除（为偶数），才将其加入累加和变量。注意，程序中使用了continue语句，当输入的数不能被2整除时，则不执行其后的累加运算，而转到下一次循环（输入下一个数）。

源程序：

```
#include <iostream>
using namespace std;
int main()
{
    int num,i,sum=0;
    for(i = 0;i<10;i++)
    {
        cout<<"Enter NO. "<<i+1<<": ";
        cin>>num;
        if(num % 2)
            continue;
        sum += num;
```

```
        }
        cout<<"sum = "<<sum<<endl;
        return 0;
}
```

运行结果：

```
Enter NO. 1: 12
Enter NO. 2: 23
Enter NO. 3: 34
Enter NO. 4: 45
Enter NO. 5: 78
Enter NO. 6: 1
Enter NO. 7: -5
Enter NO. 8: 3
Enter NO. 9: 5
Enter NO. 10: 8
sum = 132
```

【例4.7】 求1000以内除3余2，除5余3，除7余5的数。

分析：本题可以使数从1变化到1000，然后依次判断是否除3余2，除5余3和除7余5。由于2，5，8，…均是除3余2的数，因此，可以使数从2变化到1000，步长设为3。这样只要判断是否除5余3和除7余5就可以了。

源程序：

```
#include <iostream>
using namespace std;
int main()
{
    int num;
    for(num=2;num<1000;num+=3)
            if(num%5==3&&num%7==5)
                cout<<num<<"\t";
    cout<<endl;
    return 0;
}
```

运行结果：

```
68      173     278     383     488     593     698     803     908
```

【例4.8】 输出100～200之间的所有素数。

分析：本例需要双重循环来实现，在外层循环中控制数从100变到200；内层循环中利用判定素数的算法判断当前的数是否为素数。因为偶数都不是素数，为提高效率，外循环变量n从101开始，按步长2递增；在内层循环中对每一个n进行判断，除数i从2变化到$\sqrt{n}$即可。

源程序：

```
#include <iostream>
#include <cmath>
using namespace std;
int main()
{
    int i,n,k;
    for(n=101;n < 200; n += 2)
    {
        k = sqrt(n);
        for(i = 2;i <= k;i++)
            if(n % i == 0)
                break;
        if (i == k+1)            //循环正常终止，是素数
```

```
        cout<<n<<'\t';
    }
    cout<<endl;
    return 0;
}
```
运行结果：

| 101 | 103 | 107 | 109 | 113 | 127 | 131 | 137 | 139 | 149 |
| 151 | 157 | 163 | 167 | 173 | 179 | 181 | 191 | 193 | 197 |
| 199 |

【例4.9】打印出以下图案：

```
   *
  ***
 *****
*******
 *****
  ***
   *
```

分析：在打印图形时，要找出每一行上输出的符号的个数与行数的关系。在该例中，将此图形分为两部分来考虑，即前四行与后三行。前四行的关系如表4.1所示，若行数为i（1～4），则每行的空格数为：4-i，星号数为：2i-1。后三行的行数为i（倒数3～1），则每行的空格数为：4-i，星号数为：2i-1，如表4.2所示。

表4.1　前四行的关系

行数	空格	星号
1	3	1
2	2	3
3	1	5
4	0	7
i	4-i	2*i-1

表4.2　后三行的关系

倒数行数	空格	星号
3	1	5
2	2	3
1	3	1
i	4-i	2*i-1

源程序：
```
#include <iostream>
using namespace std;
int main()
{
    int i,j;
    for(i=1;i<=4;i++)                    //输出上面4行
    {
        for(j=1;j<=4-i;j++)              //输出*号前面的空格
            cout<<' ';
        for(j=1;j<=2*i-1;j++)            //输出*号
            cout<<'*';
        cout<<endl;                       //输出每一行后换行
    }
    for(i=3;i>=1;i--)                    //输出下面3行
    {
        for(j=1;j<=4-i;j++)              //输出*号前面的空格
            cout<<' ';
        for(j=1; j<=2*i-1;j++)           //输出*号
            cout<<'*';
        cout<<endl;                       //输出每一行后换行
    }
    return 0;
}
```

三、实验内容

1. 单选题

（1）C++语言中while和do-while语句的主要区别是_____。

　　A．do-while的循环体至少无条件执行一次

　　B．while的循环控制条件比do-while的循环控制条件严格

　　C．while语句的循环体不能是复合语句

　　D．do-while语句的循环体不能是复合语句

（2）以下描述中正确的是_____。

　　A．由于do-while循环中循环体语句只能是一条可执行语句，所以循环体内不能使用复合语句

　　B．do-while循环由do开始，用while结束，在while(表达式)后面不能写分号

　　C．在do-while循环体中，一定要有能使while后面表达式的值变为零（假）的操作

　　D．do-while循环中，根据情况可以省略while

（3）下面关于for循环的正确描述是_____。

　　A．for循环只能用于循环次数已经确定的情况

　　B．for循环是先执行循环体语句，后判断表达式

　　C．在for循环中，不能用break语句跳出循环体

　　D．for循环的循环体语句中，可以包含多条语句，但必须用大括号括起来

（4）以下描述中正确的是_____。

　　A．continue语句的作用是结束整个循环的执行

　　B．只能在循环体内和switch语句体中使用break语句

　　C．在循环体内使用break语句或continue语句的作用相同

　　D．从多层循环嵌套中退出时，可以使用break语句

（5）下列叙述中正确的是_____。

　　A．break语句只能用于switch语句

　　B．在switch语句中必须使用default

　　C．break语句必须与switch语句中的case配对使用

　　D．在switch语句中，不一定使用break语句

（6）设有程序段：

```
int k = 100;
while(k = 0)
    k--;
```

则以下描述中正确的是_____。

　　A．while循环执行100次

　　B．该循环是无限循环

　　C．循环体语句一次也不执行

　　D．循环体语句执行一次

（7）设变量已正确定义，则以下能正确计算f=n!的程序段是_____。

　　A．f=0;　　　　　　　　　　　　B．f=1;
　　　for(i=1;i<=n;i++)　　　　　　　for(i=2;i<=n;i--)
　　　f*=i;　　　　　　　　　　　　f*=i;

　　C．f=1;　　　　　　　　　　　　D．f=1;
　　　for(i=n;i>0;i++)　　　　　　　for(i=n;i>=2;i--)
　　　f*=i;　　　　　　　　　　　　f*=i;

（8）下面程序的运行结果是_____。
```cpp
#include <iostream>
using namespace std;
int main()
{
    int i=0,s=0;
    for (;;)
    {
        if(i==3||i==5)
            continue;
        if (i==6)
            break;
        i++;
        s+=i;
    }
    cout<<s<<endl;
    return 0;
}
```
A．10　　　　　　B．13　　　　　　C．21　　　　　　D．程序进入死循环

2．阅读程序，写出运行结果

（1）下面程序的运行结果是_____。
```cpp
#include <iostream>
using namespace std;
int main()
{
    char c1,c2;
    for(c1='0',c2='9'; c1 < c2; c1++, c2--)
        cout<<c1 << c2;
    cout<<endl;
    return 0;
}
```

（2）下面程序的运行结果是_____。
```cpp
#include <iostream>
using namespace std;
int main()
{
    int i,j,a=0;
    for(i=0;i<2;i++)
    {
        for(j=0;j<4;j++)
        {
            if(j%2)
                break;
            a++;
        }
        a++;
    }
    cout<<"a="<<a<<endl;
    return 0;
}
```

（3）下面程序的运行结果是_____。
```cpp
#include <iostream>
using namespace std;
int main()
```

```
    {
        int i, n=0;
        for(i=2;i<5;i++)
        {
            do
            {
                if(i%3)
                    continue;
                n++;
            }while(!i);
            n++;
        }
        cout<<"n="<<n<<endl;
        return 0;
    }
```

3. 程序填空

（1）下面程序的功能是依次显示100，80，60，40，20这5个数，请填空。

```
#include <iostream>
using namespace std;
int main()
{
    for(int i=100;___①___;___②___)
        cout<<i<<"\t";
    cout<<endl;
    return 0;
}
```

（2）下面程序的功能是计算x^n，请填空。

```
#include <iostream>
using namespace std;
int main()
{
    int n, x;
    cout<<"Enter x, n = ";
    cin>>x>>n;
    double y=1;
    for(int i = 0; i <___①___;i++)
        ___②___;
    cout<<y<<endl;
    return 0;
}
```

（3）下面程序的功能是计算$1-\frac{1}{3}+\frac{1}{5}-\frac{1}{7}+\cdots-\frac{1}{99}$的值，运行结果为：s=0.7903，请填空。

```
#include <iostream>
using namespace std;
int main()
{
    double i, t, s = 0, sign = 1;
    for(i = 1; i <= 101; i += 2)
    {
        ___①___;
        s += t;
        ___②___;
    }
    cout<<"s="<<s<<endl;
```

```
        return 0;
    }
```
（4）下面程序的功能是输出以下形式的金字塔图案：
```
   *
  ***
 *****
*******
#include <iostream>
using namespace std;
int main()
{
    for(int i=1;i<=4;i++)
    {
        for(int j=1; j<=____①____;j++)
            cout<<' ';
        for(j=1; j<=____②____;j++)
            cout<<'*';
        cout<<endl;
    }
    return 0;
}
```

4．编程题

（1）输入n，输出$2+4+6+\cdots+2*n$的值。

（2）输入若干个整数，遇到-999时结束输入，输出-999之前的所有整数的和（不包括-999）。

（3）输入一个实数x和一个正整数n，计算并输出$x+x^2+x^3+\cdots x^n$的值。

（4）输入m和n，计算并输出。

（5）输出 $1+2+3+\cdots+n$之和超过2 000的第一个n值及其和。

（6）求$2!+4!+6!+\cdots+16!$的值。

（7）输入m和n，计算并输出$1^n+3^n+5^n+7^n+\cdots+(2m-1)^n$的值。

（8）输出前20个素数（即2、5、7、11…）。

（9）输入两个整数n和m，打印n行、每行m个星号。如果输入的n和m的值为4与7，则输出为：

    ****
    ****
    ****
    ****

（10）编写程序，按如下形式进行输出：

```
10
11   12
13   14   15
16   17   18   19
20   21   22   23   24
25   26   27   28   29   30
31   32   33   34   35   36   37
38   39   40   41   42   43   44   45
46   47   48   49   50   51   52   53   54
```

四、问题讨论

（1）比较几种循环的异同，各有什么特点，在什么情况下用什么形式的循环？请举例说明。

（2）在循环嵌套（多重循环）中，应注意哪些问题？

（3）break语句和continue语句有什么不同，各在什么情况下使用？请举例说明。

实验五 典型程序设计

一、实验目的

（1）加深理解流程控制语句的作用，并能灵活运用解决简单问题。
（2）学习典型算法及应用，掌握求最大/小值、累加和、统计数量、迭代及穷举法等典型算法的程序设计。
（3）通过典型算法的学习，能解决简单的实际问题。

二、范例分析

【例5.1】 输入若干个成绩，输出平均分，当输入的成绩为负数时表示输入结束。

分析：若要计算平均分，应先计算总分并统计人数。定义变量sum存放累加和，aver存放平均成绩，x存放输入的成绩，n存放人数。由于该程序中循环次数未知，因此可使用while循环语句。当输入的成绩为负数时结束输入，因此循环控制条件为x≥0。

源程序：

```cpp
#include <iostream>
using namespace std;
int main()
{
    double sum = 0, aver, x;
    int n = 0;              //人数
    cout<<"Enter score: ";
    cin>>x;                 //输入成绩
    while (x >= 0)
    {
        n++;                //统计人数
        sum += x;           //累加
        cout<<"Enter score: ";
        cin>>x;             //输入成绩
    }
    if (n)                  // n不为0表示输入了有效成绩
    {
        aver = sum / n;
        cout<<"average = "<<aver<<endl;
    }
    else
        cout<<"No score"<<endl;
    return 0;
}
```

运行结果:
```
Enter score: 89
Enter score: 71
Enter score: 68
Enter score: 83
Enter score: 66
Enter score: 72
Enter score: -1
average = 74.8333
```

【例5.2】输入若干个学生的数学、英语和计算机成绩,然后计算该班级的最高总成绩及各科的平均成绩。当输入的三科成绩中有一科成绩小于0时,结束输入。

分析:将输入的每位学生的三科成绩存入变量math、english、computer中,当它们都大于等于0时,计算其累加和并存放到变量avermath、averenglish、avercomputer中,将它们的和存入sum中。然后,用sum与变量max进行比较(max的初值为0),将两者中的大者存入max中。其中变量sum存放每位学生的总成绩,max存放其中的最大者。变量count用于统计输入学生的人数,当输入成绩为负数时,结束输入。此时用累加的三科成绩分别除以学生人数count,即可得到每科的平均成绩,而变量max中则存放着该班级的最高总成绩。

源程序:
```cpp
#include <iostream>
using namespace std;
int main()
{
    double math, english, computer, max = 0, sum;
    double avermath = 0,averenglish=0,avercomputer=0;
    int count=0;
    cout <<"Enter NO. "<<count + 1<<" math,english,computer grade :";
    cin >>math>>english>>computer;
    while(math >= 0 && english >=0 && computer >= 0)
    {
        sum = math + english + computer;       //求每位学生的总成绩
        if (max < sum)                          //求班级中的最高总成绩
            max = sum;
        avermath += math;                       //求数学成绩的累加和
        averenglish += english;                 //求英语成绩的累加和
        avercomputer += computer;               //求计算机成绩的累加和
        count ++ ;                              //人数加1
        cout <<"Enter NO. "<<count + 1<<" math, english, computer grade :";
        cin >>math>>english>>computer;
    }
    avermath = avermath / count;                //求各科平均成绩
    averenglish = averenglish / count;
    avercomputer = avercomputer / count;
    cout<<"The highest grade is "<<max<<endl;
    cout<<"avermath = "<<avermath<<endl;
    cout<<"averenglish = "<<averenglish<<endl;
    cout<<"avercomputer = "<<avercomputer<<endl;
    return 0;
}
```

运行结果:
```
Enter NO. 1 math,english,computer grade :67 78 83
Enter NO. 2 math,english,computer grade :71 62 79
Enter NO. 3 math,english,computer grade :84 87 89
```

```
Enter NO. 4 math,english,computer grade :-1 0 0
The highest grade is 260
avermath = 74
averenglish = 75.6667
avercomputer = 83.6667
```

【例5.3】有分数序列 $\frac{2}{1}, \frac{3}{2}, \frac{5}{3}, \frac{8}{5}, \frac{13}{8}, \frac{21}{13}, \cdots$，计算并输出前20项之和。

分析：由该序列可知，后一项的分母是前一项的分子，后一项的分子是前一项的分子和分母之和。这样可由前一项求得后一项。若求前20项之和，可设置循环变量i，用于控制循环次数，令其值由1递增到20。这里要注意虽然每一项的分子和分母都是整数，但是由于要用它们的商进行累加，因此应将存放分子和分母的变量设置为double型。

源程序：

```cpp
#include <iostream>
using namespace std;
int main()
{
    double a = 2, b = 1, t, sum = 0;
    for(int i = 1; i <= 20; i++ )
    {
        sum += a / b;
        t = a;
        a += b;
        b = t;
    }
    cout<<"sum = "<<sum<<endl;
    return 0;
}
```

运行结果：

```
sum = 32.6603
```

【例5.4】根据下列公式计算e的值并输出，当最后一项的值小于等于10^{-6}则停止计算。已知该公式为：

$$e \approx 1 + \frac{1}{1!} + \frac{1}{2!} + \frac{1}{3!} + \cdots$$

分析：该程序为累加和问题。累加是从第2个累加项（1/1!）开始的，所以累加和变量s的初值为第1个累加项的值1。m中存放i的阶乘i!，累加项1/m存放在t中，当t的值小于等于10^{-6}时可结束累加。

源程序：

```cpp
#include <iostream>
using namespace std;
int main()
{
    double s=1,m=1,t=1;         //s存放累加和,m为i!,t为累加项1/i!
    for (int i = 1;t > 1e-6; i ++ )
    {
        m *= i;                 //计算i!
        t = 1 / m;
        s += t;
    }
    cout<<"e = "<<s<<endl;
    return 0;
}
```

运行结果：

```
e = 2.71828
```

【例5.5】 输入一个自然数，输出其位数。

分析：该程序为计数问题，因此设置计数器变量n，并初始化为0。在循环体内执行x/=10的操作，并使n进行自增，当商为0时结束循环，此时n的值（即循环次数）就是该整数的位数。

源程序：

```cpp
#include <iostream>
using namespace std;
int main()
{
    int x, n;
    cout<<"Enter an integer: ";
    cin>>x;
    n = 0;
    do{
        x /= 10;
        n++ ;
    }while(x);
    cout<<n<<endl;
    return 0;
}
```

运行结果：

```
Enter an integer: 85648
5
```

【例5.6】 输入一行字符，以#字符作为结束，统计其中字母、数字和其他字符的个数。

分析：因为要统计三种字符的个数，因此需要定义三个变量n1、n2、n3用于计数。它们的初值为0，对每个字符进行判断，若当前的字符为字母、数字或其他字符时，n1、n2、n3的值分别进行自增运算。

```cpp
#include <iostream>
using namespace std;
int main()
{
    int n1 = 0, n2 = 0, n3 = 0;
    char c;
    cout<<"Enter a string: ";
    do
    {
        cin>>c;
        if (c == '#')
            break;
        if (c >= 'a' && c <= 'z' || c >= 'A' && c <= 'Z')
            n1++;
        else if (c>='0'&&c<='9')
            n2++ ;
        else
            n3++ ;
    }while (1);
    cout<<"Count of letters is "<<n1<<endl;
    cout<<"Count of number is "<<n2<<endl;
    cout<<"Count of other is "<<n3<<endl;
    return 0;
}
```

运行结果：

```
Enter a string: abcABC123!*&^#
Count of letters is 6
Count of number is 3
```

```
Count of other is 4
```

【例5.7】输出所有的"水仙花数"。"水仙花数"是指一个三位数，其各位数字立方和等于该数本身。例如：371是一个水仙花数，因为$371=3^3+7^3+1^3$。

分析：本题可利用穷举法来实现，穷举法就是一一枚举各种可能情况，并判断哪一种可能是符合条件的解。本例中分别用三个变量i、j、k存放百、十、个位上的数字，使i从1变化到9，j和k分别从0变化到9。利用三重循环，由这三个变量组成一个三位数n，如果n与i、j、k的立方和相等，说明它是水仙花数。

源程序：

```
#include <iostream>
using namespace std;
int main()
{
    int i, j, k, n;                              //i、j、k为三位整数的百、十、个位数字
    for(i = 1;i <= 9;i++ )
        for(j = 0;j <= 9;j++)
            for(k = 0; k <= 9; k++)
            {
                n = i * 100 + j * 10 + k;        //由三个数字组成一个三位整数
                if(n == i * i * i + j * j * j + k * k * k)
                    cout<<n<<'\t';
            }
    cout<<endl;
    return 0;
}
```

运行结果：

```
153     370     371     407
```

【例5.8】百钱买百鸡问题。即公鸡5元1只；母鸡3元1只，小鸡3只1元，100元买100只鸡，求解公鸡、母鸡、小鸡的数目，编写程序输出所有可能。

分析：本题也是穷举法的问题，设cock为公鸡数，hen为母鸡数，chick为小鸡数。由题意可以列出以下方程：

$$\begin{cases} cock + hen + chick = 100 \\ 5*cock + 3*hen + chick/3 = 100 \end{cases}$$

上述两个方程有三个未知数，是不定方程，有多组解，因此要将所有可能的cock、hen、chick的值依次尝试，以找出方程的解。如果cock、hen、chick分别从1变化到100，且采用三重循环，则循环次数为100×100×100 = 100万次。对上式进行分析可以看出，chick=100-cock-hen，即cock和hen确定后，chick即可确定，由此可以减少一重循环。另外，如果全部买公鸡，最多买20只，全部买母鸡，最多买33只。因此，可以使cock、hen的变化范围分别设定为1~20和1~33，由此减少了循环次数，提高了效率。

源程序：

```
#include <iostream>
using namespace std;
int main()
{
    int cock, hen, chick;
    for (cock = 0;cock < 20;cock++ )
        for (hen = 0;hen < 34;hen++ )
        {
            chick = 100 - cock - hen;
            if (chick % 3)
                continue;
            if(5*cock + 3*hen + chick/3 ==100)
            {
```

```
            cout<<"cock="<<cock<<"\then="<<hen<<"\tchick="<<chick<<endl;
            break;
        }
    }
    return 0;
}
```
运行结果：
```
cock=0   hen=25  chick=75
cock=4   hen=18  chick=78
cock=8   hen=11  chick=81
cock=12  hen=4   chick=84
```

【例5.9】输入任意自然数，将其描述为斐波那契数列的和，而后输出，例如，输入7，则输出应为7＝5＋2。

分析：可以证明，任意自然数均可描述为斐波那契数列的和。输入一个自然数后，首先找到与该自然数最接近的斐波那契数，然后用自然数减去该斐波那契数，得到一个差值；由这个差值再进行上述运算，即找到与该差值最接近的斐波那契数，如此反复，直到求出的斐波那契数与差值相等为止，则该自然数就可以表示为这些斐波那契数的和。

源程序：
```
#include <iostream>
using namespace std;
int main()
{
    int num, f1, f2, f;
    cout<<"Enter num = ";
    cin>>num;
    cout<<num<<" = ";
    while(num)
    {
        if (num == 1)
        {
            cout<<1<<endl;
            break;
        }
        f1 = f2 = 1;
        do{
            f = f1 + f2;
            f1 = f2;
            f2 = f;
        }while(f < num);
        if(f > num)
            f = f1;
        num -= f;
        if (num)
            cout<<f1<<" + ";
        else
            cout<<f<<endl;
    }
    return 0;
}
```
运行结果：
```
Enter num = 12
12 = 8 + 3 + 1
```

【例5.10】用二分法求方程$2x^3-4x^2+3x-6=0$在（-10，10）之间的根，当前后两项的差的绝对值小于10^{-6}时，则达到精度要求。

分析：二分法的思路如下：先指定一个区间$[x_1, x_2]$，如果函数$f(x)$在此区间是单调变化的，则可以根据$f(x_1)$和$f(x_2)$是否同号来确定方程$f(x)=0$在区间$[x_1, x_2]$内是否有一个实根。若$f(x_1)$和$f(x_2)$不同号，则$f(x)=0$在区间$[x_1, x_2]$内必有一个实根（且只有一个）实根；若$f(x_1)$和$f(x_2)$同号，则$f(x)=0$在区间$[x_1, x_2]$内无实根，要重新设定x_1，x_2的值。当确定$f(x)$在区间$[x_1, x_2]$内有一个实根后，可采用二分法将$[x_1, x_2]$一分为二，再判断在哪一个小区间内有实根。如此不断进行下去，直到小区间足够小为止。

具体算法如下：

（1）输入x_1和x_2的值。

（2）求$f(x_1)$和$f(x_2)$的值，并分别存入程序变量fx1和fx2。

（3）如果$f(x_1)$和$f(x_2)$同号说明在$[x_1, x_2]$内无实根，返回步骤（1），重新输入x_1和x_2的值；若$f(x_1)$和$f(x_2)$不同号，则在$[x_1, x_2]$内必有一个实根，执行步骤（4）。

（4）求x_1和x_2的中点：$x_0=(x_1+x_2)/2$。

（5）求$f(x_0)$的值，并存入程序变量fx0。

（6）求得新区间：判断$f(x_0)$和$f(x_1)$是否异号。

① 如果异号，则应在$[x_1, x_0]$中寻找根，则将x_0赋给程序变量x2，程序变量fx0赋给程序变量fx2，为下一次求根做准备；

② 否则（$f(x_0)$和$f(x_1)$同号），则应在$[x_0, x_2]$中寻找根，则将x_0赋给程序变量x1，程序变量fx0赋给程序变量fx1，为下一次求根做好准备。

（7）判断区间$[x_1, x_2]$是否足够小，若x_1-x_2的绝对值小于给定的精度10^{-6}，说明x_0和精确解的误差小于10^{-6}，已达到要求精度。若不小于10^{-6}，则返回步骤（4）重复执行（4）、（5）、（6）；否则执行步骤（8）。

（8）输出x_0的值，它就是所求出的近似根。

源程序：

```cpp
#include <iostream>
#include <cmath>
using namespace std;
int main()
{
    float x0,x1,x2,fx0,fx1,fx2;
    do
    {
        cout<<"Enter x1 and x2:";
        cin>>x1>>x2;
        fx1=2*x1*x1*x1-4*x1*x1 + 3*x1-6;
        fx2=2*x2*x2*x2-4*x2*x2 + 3*x2-6;
    }while(fx1*fx2>0);          //判断输入的[x1, x2]区间内是否有实根
    do
    {
        x0=(x1 + x2)/2;
        fx0=2*x0*x0*x0-4*x0*x0 + 3*x0-6;
        if(fx0*fx1<0)
        {
            x2=x0;
            fx2=fx0;
        }
        else
        {
            x1=x0;
            fx1=fx0;
        }
    }while(fabs(x1-x2)>=1e-6);
    cout<<"x="<<x0<<endl;
    return 0;
}
```

运行结果：
```
Enter x1 and x2: -10 10
x=2
```

【**例5.11**】计算指定区间内函数$f(x)$的定积分$\int_b^a f(x)dx$，其中$f(x)=1+\sin(x)$。

分析：对函数$f(x)$在区间$[a,b]$上的定积分$\int_b^a f(x)dx$，其几何意义是求$f(x)$曲线与直线$x=a$，$x=b$，$y=0$所围成的区域的面积。为求出此面积，将区间$[a,b]$分成n个小区间，每个小区间的长度为$(b-a)/n$，如果n很大的话，每个小区间与$f(x)$曲线所围成的区域可近似看成梯形。求出每个小梯形的面积，然后将n个小区间的面积累加起来，就近似得到总面积，即定积分的近似值。

源程序：
```cpp
#include <iostream>
#include <cmath>
using namespace std;
int main()
{
    double a,b,h,f1,f2,sum=0;
    int n,i;
    cout<<"Enter a,b and n: ";
    cin>>a>>b>>n;
    h = (b - a) / n;
    f1 = 1.0 + sin(a);
    for(i = 1;i <= n;i++)
    {
        f2 = 1.0 + sin(a + i * h);
        sum += (f1 + f2) * h / 2;
        f1 = f2;
    }
    cout<<"a="<<a<<"\tb="<<b<<"\tn="<<n<<"\tsum="<<sum<<endl;
    return 0;
}
```

运行两次，分别输入1、2、10与1、2、100，第1次运行结果为：
```
Enter a, b and n: 1 2 10
a=1     b=2     n=10    sum=1.95565
```
第2次运行结果为：
```
Enter a, b and n: 1 2 100
a=1     b=2     n=100   sum=1.95644
```
从上述结果可见，随着n的增大，划分的小区间越小，计算结果越精确。

三、实验内容

1. 程序填空

（1）以下程序的功能是计算：$s=1+12+123+1234+12345$，运行结果为$s=13715$。请填空。

```cpp
#include <iostream>
using namespace std;
int main()
{
    int t=0,s=0,i;
    for( i=1;  i<=5;  i++ )
    {
        t=_____①_____;
        s=_____②_____;
    }
```

```
            cout<<"s="<<s<<endl;
            return 0;
        }
```
（2）下面程序的功能是输出符合条件的三位整数：它是完全平方数，又有两位数字相同，并且统计个数，请填空。运行结果为：

```
100      121      144      225      400      441      484      676      900
Count of numbers is 9
#include <iostream>
using namespace std;
int main()
{
    int i, j, num;
    int n1, n2, n3;
    for (i=100, num=0; i<=999; i++ )
    {
        j = 10;
        while(j*j <= i)
        {
            if (i == j*j)
            {
                n1 = i / 100;
                n2 = ___①___;
                n3 = i % 10;
                if (n1==n2 || n1==n3 || n2==n3)
                {
                    cout<<i<<'\t';
                    ___②___;
                }
            }
            ___③___;
        }
    }
    cout<<endl<<"Count of numbers is "<<num<<endl;
    return 0;
}
```

2. 编程题

（1）某比赛由20位评委评分，每位参赛者的成绩的计算方法为：在评委的评分中去掉一个最高分和一个最低分，再计算余下分数的平均分。编写程序，输入20个评委的评分，计算某参赛者的最后得分。

（2）编写程序，输入学生人数和每个学生的成绩，输出最高成绩和排在第二位的成绩。

（3）编写程序，输出斐波那契数列的前10项的累加和。

（4）编写程序，对输入的一批整数统计出正数的个数、负数的个数、奇数的个数、偶数的个数，当输入0时表示输入结束。

（5）用公式 $\frac{\pi}{4} \approx 1 - \frac{1}{3} + \frac{1}{5} - \frac{1}{7} + \cdots$ 计算π的近似值，当最后一项的绝对值小于 10^{-6} 时停止计算。

（6）输入整数 a 和 n，计算并输出 $a+aa+aaa+\cdots+\underbrace{aaaa\cdots a}_{}$，最后一项为 n 个 a。例如若输入2和3，则输出为246（2+22+222）。

（7）输出这样的三位整数：这些三位数的个、十、百位上的数字均不相同，并且能被11整除。

（8）编写程序，输出100~200之间能被5、6之一整除的、且不能被二者同时整除的整数。

（9）输入两个正整数 m 和 n，求其最大公约数和最小公倍数。

（10）有一道趣味数学问题：有30个人，其中有男人、女人和小孩，在一家饭馆吃饭花了50先令；每个男人花3先令，每个女人花2先令，每个小孩花1先令，求解男人、女人和小孩各有几人?编写程序，输出所有可能。

四、问题讨论

（1）比较求最大/小值、累加和、统计数量、迭代法及穷举法等典型算法的特点，并能将其应用到解决实际问题中。

（2）经过典型算法的学习，掌握复杂程序的编写和调试中应注意哪些问题。

实验六 一维数组

一、实验目的

（1）理解数组的概念，掌握数组的定义及其存储结构。
（2）掌握一维数组的输入、输出及初始化的方法。
（3）掌握与数组有关的算法。

二、范例分析

【例6.1】 利用一维数组求斐波那契数列的前20项，并按每行5项的格式输出。

分析：已知斐波那契数列为：1，1，2，3，5，8，…，具有如下规律：

$F_1=1$（第一项）

$F_2=1$（第二项）

$F_n=F_{n-1}+F_{n-2}$（$n>=3$，即当前项的值为其前两项之和）

将该数列的前20项保存在一个长度为20的一维数组f中，由于前两项都是1，因此可采用为部分数组元素初始化的方式，这样除了f[0]、f[1]的值为1外，其余数组元素的值均为0。由数列的当前项的值为其前两项之和可知，f[2] = f[1] + f[0]、f[3] = f[2] + f[1]、…、f[19] = f[18] + f[17]，设置循环变量i表示下标变量，其取值范围为2~19，采用循环结构求出f[2]~f[19]。

源程序：

```cpp
#include <iostream>
using namespace std;
int main()
{
    int f[20] = {1, 1}, i;                  //初始化数组

    //计算斐波那契数列中剩余的18个数
    for(i = 2; i < 20; i++)
        f[i] = f[i - 1] + f[i - 2];         //求解每一项的值

    //输出斐波那契数列
    for(i = 0; i < 20; i++)
    {
        cout<<f[i]<<"\t ";
        if((i + 1) % 5 == 0)                //每行输出5个数后就换行
            cout<<endl;
    }
    return 0;
}
```

运行结果：

```
1       1       2       3       5
8       13      21      34      55
89      144     233     377     610
987     1597    2584    4181    6765
```

【例6.2】 编写程序，为长度为N的整型数组a输入数据，计算下标为偶数的数组元素的累加和并输出，假定N为6。

分析：使用符号常量表示数组长度，可以使程序更加灵活，当需要改变数组长度时，只需要改变符号常量的值即可。计算下标为偶数的数组元素的累加和，即求a[0]、a[2]、a[4]……的累加和，在程序中可利用下标的变化规律得到这些数组元素。

源程序：

```cpp
#include <iostream>
using namespace std;
const int N = 6;                    //定义符号常量N，表示数组长度
int main()
{
    int a[N];                       //定义数组
    int sum = 0;
    cout<<"Enter "<<N<<" numbers:"<<endl;
    for(int i = 0; i < N; i++)      //输入
        cin>>a[i];
    for(i = 0; i < N; i += 2)       //求和
        sum += a[i];
    cout<<"sum = "<<sum<<endl;
    return 0;
}
```

运行结果：

```
Enter 6 numbers:
1 2 3 4 5 6
sum = 9
```

【例6.3】 编写程序，将100~200以内能被13整除的数保存到数组中，而后输出该数组。

分析：由于100~200之间能被13整除的数据个数未知，因此在定义数组时，以最大可能的数目作为数组的长度，这里将数组长度定义为100。使用循环结构对100~200之内的数据依次进行判断，若对13取余为0，表示可将其存放到数组中，这里设置n表示数组元素的下标，其初值为0，在将数据保存到数组中之后，n应进行自增以便为下一次赋值做准备。当循环结束后n的值即为满足条件的数据的个数，即存放到数组中的数据个数。

源程序：

```cpp
#include <iostream>
using namespace std;
int main()
{
    int a[100];                     //用于保存能被3整除的数据
    int n = 0;
    for(int x = 100; x <= 200; x++)
    {
        if(x % 13 == 0)             //如果x能被13整除，则存放到a[n]中，同时n进行自增
        {
            a[n] = x;
            n++;
        }
```

```
        for(int i = 0;i < n; i++)           //输出数组
            cout<<a[i]<<"\t";
    cout<<endl;
    return 0;
}
```
运行结果:

104   117   130   143   156   169   182   195

【例6.4】 编写程序,将长度为N的整型数组中的数组元素进行逆序。假定长度为5,若原来的顺序为: 9、6、7、1、3,运行程序后为: 3、1、7、6、9。

分析: 进行逆序时,可以将数组中的第一个数组元素与最后一个数组元素进行互换,而后是第二个与倒数第二个数互换。可以使用两种方法: 一种是控制互换的次数,若有N个数组元素,则应互换N/2次;另一种是使用两个下标变量,分别控制两端的数组元素的访问。

源程序1:
```cpp
#include <iostream>
using namespace std;
const int N=5;                              //定义符号常量N,表示数组长度
int main()
{
    int a[N],t;
    cout<<"Enter "<<N<<" integers: ";
    for(int i=0;i<N;i++)                    //输入数组元素
        cin>>a[i];
    for(i=0;i<N/2;i++)
    {                                       //数组元素互换
        t=a[i];
        a[i]=a[N-1-i];
        a[N-1-i]=t;
    }
    for(i=0;i<N;i++)                        //输出数组元素
        cout<<a[i]<<"\t";
    cout<<endl;
    return 0;
}
```

源程序2:
```cpp
#include <iostream>
using namespace std;
const int N=5;                              //定义符号常量N,表示数组长度
int main()
{
    int a[N],t;
    cout<<"Enter "<<N<<" integers: ";
    for(int i=0;i<N;i++)                    //输入数组元素
        cin>>a[i];
    int j;
    for(i=0,j=N-1;i<j;i++,j--)              //j的初始值为N-1
    {                                       //数组元素互换
        t=a[i];
        a[i]=a[j];
        a[j]=t;
    }
    for(i=0;i<N;i++)                        //输出数组元素
        cout<<a[i]<<"\t";
```

```
        cout<<endl;
        return 0;
}
```
运行结果为：
```
Enter 5 integers: 9 6 7 1 3
3       1       7       6       9
```

【例6.5】 编写程序，输出一维整型数组a中的最大值和最小值，假定数组长度为6。

分析： 使用打擂法求最大值和最小值。设置变量max存放最大值，min存放最小值，首先将第一个数组元素作为最大值也作为最小值，然后将其与其他数组元素相比较，如果数组元素的值大于max则将其赋给max，如果数组元素的值小于min变量，则将其赋给min。比较结束后max里存放的就是最大值，min里存放的就是最小值。

```
#include <iostream>
using namespace std;
const int N = 6;                      //定义符号常量N，表示数组长度
int main()
{
    int a[N];                         //定义数组
    int sum = 0;
    cout<<"Enter "<<N<<" numbers:"<<endl;
    for(int i = 0; i < N; i++)        //输入数组元素
        cin>>a[i];
    int max, min;
    max = min = a[0];
    for(i = 1; i < N; i++)            //求和
    {
        if(a[i] > max)
            max = a[i];
        if(a[i] < min)
            min = a[i];
    }
    cout<<"max = "<<max<<endl;
    cout<<"min = "<<min<<endl;
    return 0;
}
```
运行结果：
```
Enter 6 numbers:
1 2 3 4 5 6
max = 6
min = 1
```

【例6.6】 编写程序，将长度为N的一维整型数组a中的最大值与第一个数组元素交换，而后输出。假定数组长度为6。

分析： 利用打擂法计算最大值。这里设置变量k表示最大值的下标，首先将第一个数组元素作为最大值，即为k赋值为0，然后将a[k]与其他数组元素a[i]（下标i的取值范围为1~N-1）相比较，若a[i]大于a[k]，则将i赋给k，比较结束后k内存放的就是最大值的下标，a[k]即为最大值，而后将其与a[0]进行交换。

为方便调试，可在程序中利用随机数函数rand()为数组元素赋值，赋值完成后首先输出数组元素，观察各个数组元素的值的情况，而后再进行后续的操作。该例中数组元素的取值范围为0~9（rand() % 10）。

源程序：
```
#include <iostream>
#include <cstdlib>
#include <ctime>
using namespace std;
```

```
    const int N = 6;
    int main()
    {
        int a[N];
        srand(time(0));
        for(int i = 0;i < N; i++)          //利用随机函数为数组元素赋值
            a[i] = rand() % 10;            //a[i]的取值范围为0~9

        for(i = 0;i < N; i++)
            cout<<a[i]<<"\t";
        cout<<endl;

        int k = 0;                          //给k赋值0，即将a[0]作为最大值
        for(i = 1;i < N;i++)
        {
            if(a[k] < a[i])
                k = i;
        }
        cout<<"k = "<<k<<endl;
        //将最大值a[k]与a[0]交换
        int t = a[0];
        a[0] = a[k];
        a[k] = t;
        cout<<"After swapping: "<<endl;
        for(i = 0;i < N; i++)               //输出交换后的数组
            cout<<a[i]<<"\t";
        cout<<endl;

        return 0;
    }
```
运行结果：
```
1       7       4       0       9       4
k = 4
After swapping:
9       7       4       0       1       4
```

【例6.7】用选择法对整型数组中的N个数进行排序，假定N为6。

分析：数据排序是与数组有关的重要算法之一，排序的算法很多，我们已经介绍了最简单的冒泡法排序，现在介绍另一种排序算法即选择法排序。

选择法排序的基本思想是（假定为降序排序）：

利用循环先找到N个数（a[0]~a[N-1]）中的最大值的下标，然后将该值与第一个数组元素交换位置，这样就确定了最大值的位置；除去已排序的最大值后，再从a[1]~a[N-1]这N-1个数中找到次大值的下标，然后与a[1]交换位置；这样重复下去就形成了有序数组。

由此可见，选择法排序也需要两重循环才能实现，在内循环中选择最大数的下标，找到该数在数组中的有序位置；在外循环中对这一过程执行N-1次，使N个数确定在数组中的有序位置。

源程序：
```
#include <iostream>
#include <cstdlib>
#include <ctime>
using namespace std;
const int N = 6;
int main()
{
```

```
    int a[N];
    srand(time(0));
    for(int i = 0;i < N; i++)          //利用随机函数为数组元素赋值
        a[i] = rand() % 10;            //a[i]的取值范围为0~9

    for(i = 0;i < N; i++)
        cout<<a[i]<<"\t";
    cout<<endl;

    for(i = 0;i < N - 1; i++)
    {
        int k = i;                     //在a[i]~a[N-1]范围内找最大数组元素的下标
        for(int j = i + 1;j < N;j++)   //先将a[i]作为最大值,下标i赋给k
        {                              //a[k]与a[i+1]~a[N-1]范围内的数组元素比较
            if(a[k] < a[j])
                k = j;
        }
        int t = a[i];    //将a[k]与a[i]交换
        a[i] = a[k];
        a[k] = t;
    }
    cout<<"After sorting: "<<endl;
    for(i = 0;i < N; i++)              //输出排序后的数组
        cout<<a[i]<<"\t";
    cout<<endl;

    return 0;
}
```

运行结果:

```
1    7    4    0    9    4
After sorting:
9    7    4    4    1    0
```

【例6.8】输入一个整数number,将其插入到一个有序的整型数组中,使该数组仍然有序。假定该数组按升序排列,数组长度为N=50。

分析:本题是一个插入问题。设数组中已有n(n<N)个数组元素按升序排列,其基本思路是:首先输入number,然后从数组的后面开始(下标i从n-1开始,依次递减),将number分别与数组元素进行比较,如果数组元素a[i]大于number,则将a[i]向后移动,即a[i+1]=a[i],直到a[i]小于等于number,此时停止移动,i+1的值即为需插入的位置,将number插入到该位置,同时n的个数增1,这样即可实现插入新值后的数组仍然有序。

源程序:

```
#include <iostream>
using namespace std;
const int N = 50;
int main()
{
    int a[N] = {3, 5, 7, 12, 18}, n = 5;    //将数组进行初始化,数组中有5个元素
    int i, number;
    cout<<"Enter an integer: ";
    cin>>number;
    for(i = n - 1; i >= 0; i--)
    {
        if (a[i] > number)                  //若a[i]大于number,则将数组元素a[i]后移
            a[i+1] = a[i];
```

```cpp
            else
                break;                          //找到需要插入的位置，结束循环
        }
        a[i + 1] = number;                      //将number插入到数组中
        n++;                                    //插入新数据后数据个数增1
        for(i = 0; i < n; i++)                  //输出插入新数据后的数组
            cout<<a[i]<<'\t';
        cout<<endl;
        return 0;
}
```

运行结果：

Enter an integer: 10
3   5   7   10   12   18

【例6.9】 输入一个整数number，将其从一个有序的整型数组中删除，使该数组仍然有序。假定该数组按升序排列，数组长度为N=50。

分析：同例6.7相似，该程序是从有序数组中删除数组元素。其基本思路是：首先输入number，利用线性查找法找到number在数组中的位置，而后将后面的数组元素依次向前移动，删除后数据个数减1。

源程序为：

```cpp
#include <iostream>
using namespace std;
const int N = 50;
int main()
{
    int a[N] = {3, 5, 7, 10, 12, 18}, n = 6;
    int number;
    cout<<"Enter an integer: ";
    cin>>number;
    for (int i = 0; i < n; i++)
    {
        if (a[i] == number)                     //找到number在数组中的位置
            break;
    }
    if (i < n)                                  //在数组中找到了与number相等的数组元素a[i]，删除它
    {
        for (int j = i; j < n - 1; j++)         //将数组元素前移，进行删除
            a[j] = a[j + 1];
        n--;                                    //删除数据后数据个数减1
    }
    for (i = 0;i < n; i++)                      //输出删除number后的数组
        cout<<a[i]<<"\t";
    cout<<endl;
    return 0;
}
```

运行结果：

Enter an integer: 10
3   5   7   12   18

三、实验内容

1. 分析以下程序，写出程序的运行结果，并上机调试验证结果

（1）下面程序的运行结果为_____。

```cpp
#include <iostream>
using namespace std;
```

```
int main()
{
    int k=1234,a[4];
    for(int i=0;i<4;i++)
    {
        a[i]=k%10;
        k/=10;
    }
    for(i=0;i<4;i++)
        cout<<a[i];
    return 0;
}
```

（2）下面程序的运行结果为_____。

```
#include <iostream>
using namespace std;
int main()
{
    int a[]={1,2,3,4},i, j=1,s=0;
    for(i=3;i>=0;i--)
    {
        s+=a[i]*j;
        j*=10;
    }
    cout<<"s="<<s<<endl;
    return 0;
}
```

（3）下面程序的运行结果为_____。

```
#include <iostream>
using namespace std;
int main()
{
    int a[10]={10, 1, -20, -13, -21, -2, 11, 25, -5, 4}, sum=0;
    for(int i=0;i<10;i++)
        if(a[i]>0)
            sum+=a[i];
    cout<<"sum="<<sum<<endl;
    return 0;
}
```

2．程序填空

（1）下面程序的功能是从键盘输入10个整数，输出最大值、最小值和平均值。

```
#include <iostream>
using namespace std;
int main()
{
    int a[10],i, min, max;      //min为最小值,max为最大值
    cout<<"Enter 10 numbers: ";
    for(i=0;i<10;i++)
        cin>>a[i];              //从键盘输入10个整数
    double aver = a[0];         //aver为平均值
    min = max = a[0];
    for(i = 1;i < 10; i++)
    {
        if(____①____)
            min = a[i];
```

```
        if(____②____)
            max = a[i];
        aver += a[i];
    }
    ____③____;
    cout<<"min="<<min<<"\nmax="<<max<<"\naver="<<aver<<endl;
    return 0;
}
```

（2）下面程序的功能是实现数组元素的逆序。程序执行后输出：8 5 2 3 1

```
#include <iostream>
using namespace std;
int main()
{
    int a[5]={1,3,2,5,8},t;
    for(int i=0, j = 4;___①___;___②___)
    {
        t=a[i];
        ____③____;
        a[j]=t;
    }
    for(i=0;i<5;i++)
        cout<<a[i]<<"\t";
    cout<<endl;
    return 0;
}
```

（3）下面程序的功能是求数组a中偶数的个数和偶数的平均值。

```
#include <iostream>
using namespace std;
int main()
{
    int a[10] = {1, 2, 3, 4, 5, 6, 7, 8, 9, 10};
    double aver = 0;
    int k = 0, sum = 0,i;
    for(k = i = 0; i<10; i++)
    {
        if(a[i]%2!=0)
            ____①____;
        sum+=____②____;
        k++;
    }
    if(k != 0)
    {
        aver=double(sum)/k;
        cout<<"count of even="<<k<<endl;
        cout<<"aver="<<aver<<endl;
    }
    return 0;
}
```

3. **编写程序并上机调试运行**

（1）输入10个学生的成绩，求其平均值，输出最高成绩，并统计低于平均值的人数。

（2）编写程序，将1000~2000之间的素数存放到一个数组中，并将其输出。

（3）编写程序，利用随机数函数产生10个不相同的数据存放到数组中，并将其输出。

（4）编写程序，输入10个整数，输出其中的最大值，并统计最大值出现的次数。

（5）利用随机数函数为长度为10的整型数组赋值，降序排序后输出。

（6）利用随机函数产生100个0~9范围内的整数，编写程序，统计各个数字出现的次数。

（7）修改选择法排序，方法是反复求当前数组（未排序）中的最小值，并将其与数组末尾元素交换。

（8）使用折半查找法，在给定的有序数组中查找输入的数据。

四、问题讨论

（1）对一维数组的初始化有几种方法？举例说明。

（2）改进冒泡排序算法，使之在新一轮比较中，若没有发生元素交换，则认为排序完毕。

实验七 二维数组与字符数组

一、实验目的

（1）掌握二维数组的定义、存储结构、初始化及输入/输出的方法。
（2）掌握字符数组的定义、初始化及输入/输出的方法。
（3）掌握字符串和字符串函数的使用。

二、范例分析

【例7.1】 编写程序，输出3行4列的二维数组中各行的和及平均值，及各列的和与平均值，利用随机数函数为数组元素赋值，数据范围为0~9。

分析：定义符号常量N表示二维数组的行数，M表示二维数组的列数。分别定义4个一维数组，sumR[N]用来存放行的和、averR[N]存放各行的平均值，sumC[M]用于存放各列的和、averC[M]用于存放各列的平均值。在计算各行的和时，数组元素列号的变化比行号快，因此表示行号的变量i作为外层循环控制变量，表示列号的变量j作为内层循环控制变量；在计算各列的和时，数组元素行号的变化比列号快，因此表示列号的变量j作为外层循环控制变量，表示行号的变量i作为内层循环控制变量。

源程序：

```cpp
#include <iostream>
#include <cstdlib>
#include <ctime>
using namespace std;
const int N = 3, M = 4;              //符号常量N表示行数，M表示列数
int main()
{
    double a[N][M], sumR[N] = {0}, averR[N], sumC[M] = {0}, averC[M];
    int i, j;
    srand(time(0));
    for(i = 0; i < N; i++)
    {
        for(j = 0; j < M; j++)
            a[i][j] = rand() % 10;    //为数组元素赋值
    }
    //计算各行的和与平均值
    for( i = 0;i< N;i++)
    {
        for(j = 0;j < M; j++)
            sumR[i] += a[i][j];       //计算每一行的和
```

```cpp
            averR[i] = sumR[i] / M;           //计算每一行的平均值
    }
    //计算各列的和与平均值
    for(j = 0;j < M; j++)
    {
        for(i = 0;i < N;i++)
            sumC[j] += a[i][j];               //计算每一列的和
        averC[j] = sumC[j] / N;               //计算每一列的平均值
    }

    cout<<"c1\tc2\tc3\tc4\tsum\taver"<<endl;
    for(i = 0;i < N; i++)
    {
        for(j = 0;j < M; j++)
            cout<<a[i][j]<<"\t";              //输出各个数组元素
        cout<<sumR[i]<<"\t"<<averR[i]<<endl;  //输出各行的和与平均值
    }

    cout<<endl;
    cout<<"Sum of columns: "<<endl;
    for(i = 0;i < M;i++)                      //输出各列的和
        cout<<sumC[i]<<"\t";
    cout<<endl;
    cout<<"Average of columns: "<<endl;

    for(i = 0;i < M;i++)                      //输出各列的平均值
        cout<<averC[i]<<"\t";
    cout<<endl;
    return 0;
}
```

运行结果:

c1	c2	c3	c4	sum	aver
1	7	4	0	12	3
9	4	8	8	29	7.25
2	4	5	5	16	4

Sum of columns:
12   15   17   13
Average of columns:
4   5   5.66667 4.33333

【例7.2】编写程序，输出3行4列的二维数组中各列的最大值，利用随机数函数为数组元素赋值，数据范围为0~9。

分析：定义符号常量N表示二维数组的行数，M表示二维数组的列数。为计算各列的最大值，设置一维数组maxC用于存放各列的最大值，数组长度为M。

源程序：

```cpp
#include <iostream>
#include <cstdlib>
#include <ctime>
using namespace std;
const int N = 3, M = 4;                       //符号常量N表示行数，M表示列数
int main()
{
    double a[N][M], maxC[M];
    int i, j;
```

```
    srand(time(0));
    for(i = 0; i < N; i++)
    {
        for(j = 0; j < M; j++)
            a[i][j] = rand() % 10;    //为数组元素赋值
    }
    //计算各列的最大值

    for(j = 0; j < M; j++)
    {
        maxC[j] = a[0][j];            //假定第一行中的数组元素为最大值
        for(i = 0;i < N; i++)
        {
            if(a[i][j] > maxC[j])
                maxC[j] = a[i][j];    //计算每一列的最大值
        }
    }
    for(i = 0;i < N; i++)
    {
        for(j = 0;j < M; j++)
            cout<<a[i][j]<<"\t";      //输出各个数组元素
        cout<<endl;
    }
    cout<<"Max of columns: "<<endl;
    for(j = 0; j < M; j++)            //输出各列的最大值
        cout<<maxC[j]<<"\t";
    cout<<endl;
    return 0;
}
```

运行结果:

```
1       7       4       0
9       4       8       8
2       4       5       5
Max of columns:
9       7       8       8
```

【例7.3】已知以下矩阵:

$$\begin{bmatrix} Y1 \\ Y2 \\ Y3 \\ Y4 \end{bmatrix} = \begin{bmatrix} 1 & -0.2 & 0 & 0 \\ -0.8 & 1 & -0.2 & -0.2 \\ 0 & -0.8 & 1 & -0.2 \\ 0 & -0.8 & -0.8 & 1 \end{bmatrix} \times \begin{bmatrix} 1 \\ 1 \\ 1 \\ 1 \end{bmatrix}$$

编写程序求解$Y1$,$Y2$,$Y3$,$Y4$的值。

分析：该例为两个矩阵的相乘问题。设a矩阵为4×4矩阵，x为4×1的矩阵，则$Y1$，$Y2$，$Y3$，$Y4$的值为a与x相乘后的矩阵中相对应的每一项。

源程序:

```
#include <iostream>
using namespace std;
int main()
{
    double a[4][4]={{1,-0.2,0,0},{-0.8,1,-0.2,-0.2},{0,-0.8,1,-0.3},{0,-0.8,-0.8,1}};
    double x[4] = {1,1,1,1},   y[4]={0};
    for(int i = 0; i < 4;   i++)
    {
```

```
            for(int j = 0; j < 4; j++)
                y[i] += a[i][j] * x[j];
    }
    for(i = 0; i < 4; i++)
        cout<<"y["<<i<<"]="<<y[i]<<endl;
    return 0;
}
```

运行结果：
y[0]=0.8
y[1]=-0.2
y[2]=-0.1
y[3]=-0.6

【例7.4】输入一个字符串，判断其是否为回文串。如果一个字符串正着读和反着读都一样，就称为回文串。例如：eye、level、noon等都是回文串，而hand、mouse都不是回文串。

分析：检查一个字符串是否为回文串的方式是先检查字符串的第一个字符是否与最后一个字符相同，如果相同，则比较第二个字符与倒数第二个字符是否相同；重复此过程，直到发现不相同的字符或字符串中的所有字符都检查完毕。

为实现这一算法，可定义字符数组s用于存储字符串，使用两个变量i和j，分别表示字符串s开始字符和结尾字符的位置，i的初值为0，j的初值为strlen(s)−1。若位于这两个位置的字符相同，则将i加1，j减1，继续进行比较，重复此过程，直到i≥j或这两个位置的字符不相同。

源程序：
```
#include <iostream>
#include <string>
using namespace std;
int main()
{
    char s[20];
    int i, j;
    cout<<"Enter a string: ";
    cin.getline (s, 20);          //输入字符串，存放到字符数组s中

    //i为第一个字符的位置，j为最后一个字符的位置
    for(i = 0, j = strlen(s) - 1; i < j; i++, j--)
    {
        //若i和j位置的两个字符不相同，说明不是回文串，结束循环
        if(s[i] != s[j])
            break;
    }

    if(i >= j)                    //全部比较完成，说明该串为回文串
        cout<<s<<"是回文串."<<endl;
    else
        cout<<s<<"不是回文串."<<endl;
    return 0;
}
```

运行结果为：
Enter a string: level
level是回文串.

Enter a string: hand
hand不是回文串.

【例7.5】编写程序将字符数组s2中的字符串复制到字符数组s1中。

分析：将s2[i]!= '\0'作为循环控制条件，即依次对s2数组中的数组元素进行检查，直到遇到字符串结束

标志'\0'为止，表示s2中的所有字符都已经复制到s1中，注意在最后要将'\0'复制到字符串s1中。

源程序：

```cpp
#include <iostream>
using namespace std;
int main()
{
    char s1[20],s2[20];
    cout<<"Enter a string: ";
    cin.getline(s2,20);                    //输入s2
    for(int i = 0;s2[i] != '\0'; i++)
        s1[i] = s2[i];                     //将s2中的字符依次复制到s1中
    s1[i] = '\0';                          //将'\0'复制到s1的末尾，表示字符串的结束
    cout<<s1<<endl;
    return 0;
}
```

运行结果：

Enter a string: Small world
Small world

【例7.6】编写程序实现两个字符串的比较。

分析：字符串的比较无法使用关系运算符（如>、<等），因此需要使用字符串函数或编写程序实现。字符串的比较是从两个字符串的第一对字符开始比较（ASCII值的比较），直到遇到第一对不相同的字符，字符串的大小就由这一对字符的大小决定。为了判断比较是否结束，可利用字符串的结束标志'\0'，即判断s1[i]、s2[i]是否为'\0'，在程序中可写为：

for(int i = 0; s1[i] != '\0' && s2[i] != '\0'; i++)

或

for(int i = 0; s1[i] && s2[i]; i++)

源程序：

```cpp
#include <iostream>
using namespace std;
int main()
{
    char s1[50],s2[50];
    cout<<"Enter string1: ";
    cin.getline (s1, 50);                  //输入字符串1
    cout<<"Enter string2: ";
    cin.getline(s2, 50);                   //输入字符串2
    for(int i = 0;s1[i] != '\0' && s2[i] != '\0'; i++)
    {
        if (s1[i] != s2[i])
            break;                         //遇到第一对不相同的字符则结束循环
    }
    if(s1[i] - s2[i]>0)                    //进行比较，而后输出结果
        cout<<s1<<" > "<<s2<<endl;
    else if(s1[i]-s2[i]<0)
        cout<<s1<<" < "<<s2<<endl;
    else
        cout<<s1<<" = "<<s2<<endl;
    return 0;
}
```

运行结果：

Enter string1: happy new year
Enter string2: happy birthday

happy new year > happy birthday

【例7.7】 编写程序将字符串中的所有空格都删除。

分析：为了把空格删除，可以对字符数组中的字符逐个检查，如果不是空格就将它保留在数组中，如下图所示。这里只使用一个数组，设置两个变量i和j作为数组的下标，使i总大于或等于j，这样最后被保留下来的字符不会覆盖未被检测处理的字符。最后将结束符'\0'也复制到被保留的字符串后面。

> **注意：**
> 空格的ASCII为32。

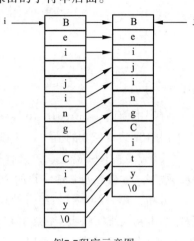

例7.7程序示意图

源程序：
```
#include <iostream>
using namespace std;
int main()
{
    char s[50];
    cout<<"Enter a string: ";
    cin.getline(s,50);          //输入字符串
    for(int i = 0,j = 0; s[i] != '\0'; i++)
    {
        if(s[i] != " ")          //判断当前字符是否为空格
            s[j++] = s[i];       //将非空格字符移动位置
    }
    s[j]='\0';                   //将字符串结束标志放到最后的位置
    cout<<s<<endl;
    return 0;
}
```

运行结果：
```
Enter a string: Bei Jing City
BeiJingCity
```

【例7.8】 编写程序，输入一个字符串，统计其中各个数字字符出现的次数。

分析：为统计各个数字字符出现的次数，需要创建一个长度为10的整型数组counts，每个数组元素对应一个数字字符的出现次数，即count[0]存放字符'0'的出现次数，counts[1]存放字符'1'的出现次数，依次类推。

源程序：
```
#include <iostream>
using namespace std;
const int N = 100;
int main()
{
    char s[N];
    cout<<"Enter a string: ";
    cin.getline(s, N);
    int counts[10] = {0};
    for(int i = 0; s[i] != 0; i++)                //检查字符串中的每个字符
    {
        if(s[i] >= '0' && s[i] <= '9')            //若为数字字符
            counts[s[i] - '0']++;                 //进行计数
    }

    for(i = 0;i < 10; i++)
        cout<<char('0'+i)<<": " <<counts[i]<<endl;
    return 0;
}
```

运行结果：
```
Enter a string: A3B34571666***92000888
0: 3
1: 1
2: 1
3: 2
4: 1
5: 1
6: 3
7: 1
8: 3
9: 1
```

程序中使用counts[s[i] -'0']++;语句进行计数，当s[i]为'0'时，'0'- '0'的值为0，因此counts[0]进行自增，当s[i]为'1'时，'1'- '0'的值为1，因此counts[1]进行自增。

【例7.9】 有一篇文章，共有3行文字，每行有80个字符。要求分别统计出其中英文大写字母、小写字母、数字、空格以及其他字符的个数。

分析： 用一维字符数组可处理一个字符串，如果要对多个字符串进行处理则需要采用二维字符数组，程序中定义二维字符数组text[3][80]来存放3个字符串，每个字符串中最多可存放80个字符。进行统计时，依次对每一个数组元素text[i][j]进行判断即可。利用字符串的结束标志'\0'将text[i][j]!= '\0'作为循环控制条件，而不是将j<80作为循环控制条件，因为每一行输入的字符个数并不一定为80个。

源程序：

```cpp
#include <iostream>
using namespace std;
int main()
{
    char text[3][80];
    int upper = 0, lower = 0, digital = 0, space = 0, other = 0;     //分别代表个数
    for(int i = 0;i < 3; i++)
    {
        cout<<"Enter line"<<i + 1<<": "<<endl;
        cin.getline(text[i], 80);                                    //输入字符串
        for(int j = 0; text[i][j] != '\0'; j++)
        {
            if(text[i][j] >= 'A' && text[i][j] <= 'Z')               //判断是否为大写字母
                upper++;
            else if(text[i][j] >= 'a'&&text[i][j] <= 'z')            //判断是否为小写字母
                lower++;
            else if(text[i][j] >= '0'&&text[i][j]<='9')              //判断是否为数字
                digital++;
            else if(text[i][j] == ' ')                               //判断是否为空格
                space++;
            else                                                     //为其他字符
                other++;
        }
    }
    cout<<"Upper case:"<<upper<<endl;
    cout<<"Lower case:"<<lower<<endl;
    cout<<"Digital case:"<<digital<<endl;
    cout<<"space:"<<space<<endl;
    cout<<"other:"<<other<<endl;
    return 0;
}
```

运行结果：
Enter line1:
Happy birthday!
Enter line2:
~Java~
Enter line3:
#Python#
Upper case:3
Lower case:20
Digital case:0
space:1
other:5

三、实验内容

1. 单选题

（1）以下二维数组的定义中，正确的是_____。
    A．int a[3,4];　　　　　　　　B．int n = 3, m = 4, a[n][m];
    C．int a[3][4];　　　　　　　　D．int a[][4];

（2）下列选项中不能对二维数组a初始化的语句是_____。
    A．int a[2][3]={1,2,3,4,5,6};　　B．int a[2][3]={{1},{2}};
    C．int a[2][3]={{1},{2},{3}};　　D．int a[2][3]={0};

（3）以下关于字符数组初始化的语句中，错误的是_____。
    A. char s[10] = "abcde";
    B. char s[] = "abcde";
    C. char s[] = {'a', 'b', 'c', 'd', 'e'};
    D. char s[3] = {'a','b','c','d'};

（4）以下程序段中，不能正确为字符数组赋值的是_____。
    A. char s[10] = "abcdefg";　　　　B. char s[] = "abcdefg ";
    C. char s[10]; s = "abcdefg";　　　D. char s[10]; strcpy(s, "abcdefg ");

（5）若有：char s[20] = "hell", t[] = "Java";，则下面叙述中正确的是_____。
    A．若要将字符数组s中的字符串复制到字符数组t中，可使用：t = s
    B．若要对字符数组s和t中存放的字符串进行比较，可使用：s>t
    C．字符数组s和t中存放的字符串长度相同
    D．字符数组s和t中存放的内容完全相同

2. 分析以下程序，写出程序的运行结果，并上机调试验证

（1）下面程序的运行结果为_____。

```
#include <iostream>
using namespace std;
int main()
{
    int a[][3]={1,-2,0,4,-5,6,2,7,-1}, i, j, row=0, col=0, m=a[0][0];
    for(i=0;i<3;i++)
        for(j=0;j<3;j++)
            if(a[i][j]<m)
            {
                m=a[i][j];
                row=i;
                col=j;
```

```
        }
        cout<<"row="<<row<<endl<<"col="<<col<<endl<<"m="<<m<<endl;
        return 0;
    }
```

（2）下面程序的运行结果为_____。
```
    #include <iostream>
    using namespace std;
    int main()
    {
        int a[3][3]={1,2,3,4,5,6,7,8,9}, i, s=0;
        for(i=0;i<3;i++)
            s += a[i][i];
        cout<<"s="<<s<<endl;
        return 0;
    }
```

（3）下面程序的运行结果为_____。
```
    #include <iostream>
    using namespace std;
    int main()
    {
        int i, j, a[3][4]={1,2,3,4,5,6,7,8,9,10,11,12}, b[4][3];
        for(i=0; i<3; i++)
            for(j=0; j<4; j++)
                b[j][i] = a[i][j];
        for(i=0; i<4; i++)
        {
            for(j=0; j<3; j++)
                cout<<b[i][j]<<"\t";
            cout<<endl;
        }
        return 0;
    }
```

（4）下面程序运行时输入：C++ Program，则程序的运行结果为_____。
```
    #include <iostream>
    using namespace std;
    int main()
    {
        char str[20];
        cin>>str;
        cout<<str<<endl;
        return 0;
    }
```

（5）下面程序运行时输入：C++ Program，则程序的运行结果为_____。
```
    #include <iostream>
    using namespace std;
    int main()
    {
        char str[20];
        cin.getline(str,20);
        cout<<str<<endl;
        return 0;
    }
```

（6）下面程序的运行结果为_____。
```
    #include <iostream>
    #include <string>
```

```
    using namespace std;
    int main()
    {
        char s1[50] = "Happy new year*";
        char s2[] = "to you!" ;
        cout<<strlen(s2)<<endl;
        strcat(s1, s2);
        cout<<s1<<endl;
        return 0;
    }
```

（7）下面程序的运行结果为_____。
```
    #include <iostream>
    #include <string >
    using namespace std;
    int main()
    {
        char a[20] = "xyz", p1[15] = "abcd", p2[10]="ABCD";
        strcpy(a+1, strcat(p1+1, p2+1));
        cout<<a<<endl;
        return 0;
    }
```

3. 程序填空

（1）下面程序的功能是将二维数组a中的数组元素按列存放到一维数组x中，而后输出x数组中的数组元素。已知下面程序的运行结果为：1 3 5 2 4 6。
```
    #include <iostream>
    using namespace std;
    int main()
    {
        int a[3][2] = {1,2,3,4,5,6};
        int x[6], i, j, k = 0;
        for(j = 0; j < ____①____; j++)
        {
            for(i = 0; i < ____②____; i++)
            {
                x[k] = a[i][j];
                ____③____;
            }
        }
        for(i = 0;i < 6; i++)
            cout<<x[i]<<" ";
        cout<<endl;
        return 0;
    }
```

（2）下面程序的功能是：不使用字符串函数，将输入的两个字符串连接起来，即将程序中str2连接在str1后面。例如，输入的两个字符串为Visual和C++，连接后的字符串为VisualC++。
```
    #include <iostream>
    using namespace std;
    int main()
    {
        char str1[50],str2[10];
        int i, j;
        cout<<"Enter 2 strings: ";
        cin.getline(str1, 50);
        cin.getline(str2, 10);
```

```
        for(i=0;_____①_____;i++)
        ;
        for(j=0;_____②_____; i++, j++)
                _____③_____;
        str1[i]='\0';
        cout<<str1<<endl;
        return 0;
}
```

4. 编写程序并上机调试运行

（1）按杨辉三角形的规律打印以下的数据（要求只打印出10行）。

```
1
1   1
1   2   1
1   3   3   1
1   4   6   4   1
1   5   10  10  5   1
...
```

（2）编写程序，输入10个学生英语、语文、数学3门课程的成绩，输出每门课程的平均成绩以及每个学生三门课程的平均成绩，并输出每门课程中的最高成绩和最低成绩，而后按照每个学生的平均成绩升序排序。

（3）编写程序，利用随机数生成一个 $N*N$ 的矩阵，假定 N 为4，数据范围在10~20范围内，要求：

① 对该矩阵进行转置，即将元素的行列位置交换。

② 输出两个对角线上的元素之和。

③ 输出各行的最大值及其下标。

（4）编写程序实现两个矩阵的乘积，若矩阵 $A[N][M]$ 与 $B[M][K]$ 相乘，则得到矩阵 C，其行列数为 N 行 K 列。注意 A 的列数与 B 的行数相同，才可以进行乘法操作，假定 N 为2，M 为3，K 为4。

（5）编写程序，输入一个字符串，统计其中各个字母出现的次数，忽略大小写。

（6）编写程序，将一个字符串中的数字字符都删除。

（7）输入一个表示十六进制数据的字符串，将其转换为十进制数输出，例如，若输入12A，则输出为298。

（8）编写程序，输入5个字符串，输出其中最大者。要求使用二维字符数组及字符串函数。

（9）编写程序，输入一行字符，统计其中有多少个单词，单词之间用一个或多个空格分隔。

四、问题讨论

（1）二维数组的输入、输出有几种方法？

（2）字符数组的输入、输出有几种方法？

（3）字符串与字符数组有何相同与不同之处？

实验八 指针

一、实验目的

（1）掌握指针的概念、指针变量的定义、初始化以及指针的运算。
（2）理解指针与数组的关系，掌握指针数组和数组指针的概念及其定义。
（3）了解多级指针的概念及其使用方法。
（4）掌握引用的概念。
（5）了解new、delete运算符的使用形式。

二、范例分析

【例8.1】 编写程序，使用指针变量，将长度为N的整型数组进行逆序后输出，假定N为5。

分析： 前面实验中已经介绍了逆序的算法，这里使用指针变量来实现。设置两个指针变量p和q，分别指向第一个和最后一个数组元素，而后依次互换*p和*q即可。

源程序：

```
#include <iostream>
using namespace std;
const int N = 5;
int main()
{
    int a[N], *p,*q;
    cout<<"Enter "<<N <<" integers: ";
    for(p = a; p < a + N; p++)
        cin>>*p;                                //输入数组元素
    for(p = a, q = a + N-1; p < q; p++, q--)    //p指向第一个元素，q指向最后一个数组元素
    {
        int t = *p;
        *p = *q;                                //交换*p和*q
        *q = t;
    }
    for(p = a; p < a + N; p++)
        cout<<*p<<"\t";
    cout<<endl;
    return 0;
}
```

运行结果：

```
Enter 5 integers: 1 2 3 4 5
5       4       3       2       1
```

【例8.2】 编写程序，使用指针变量，连接两个字符串。

源程序：
```cpp
#include <iostream>
using namespace std;
int main()
{
    char s[100] = "Small",*qs = "World";
    char *ps;
    int n = strlen(s);
    for(ps = s + n; *qs != '\0'; ps++, qs++)
    {
        *ps = *qs;
    }
    *ps = '\0';
    cout<<s<<endl;
    return 0;
}
```

运行结果：
```
SmallWorld
```

【例8.3】 N个小孩围成一圈，从第一个人开始报号，凡报到interval的小孩便离开圈子。再继续报号，这样小孩不断离开，圈子不断缩小，最后剩下的小孩是胜利者。编写程序，输入interval，输出胜利者是哪个小孩，假定N为10。

分析：首先定义一个整型数组a，每一个数组元素代表一个小孩，数组元素的个数N即为小孩个数（N为10），将每个小孩编号作为数组元素的值。为了表示小孩的离开，修改小孩的编号（数组元素的值），将其值改为0。这样，数组中将含有离开的和未离开的小孩，未离开的小孩的编号保持原值，离开的小孩的编号为0。由于数组是线性排列的，小孩是围成圈的，因此在到达数组尾部时，要回到数组首以继续整个过程。

程序中常量N为小孩数，即数组长度。小孩的编号为：1，2，3，4，…，不管有几个小孩，小孩的编号只与小孩个数有关。interval存放将要报的数，定义m存放退出的人数，k为计数变量，当k为interval时，对退出的小孩的编号置0，标识该小孩离开，同时k恢复初始值。p为指向该数组的指针变量，对数组元素a[i]的访问可以使用下标法和指针法，如a[i]、p[i]、*(p+i)、*(a+i)。

源程序：
```cpp
#include <iostream>
using namespace std;
const int N=10;
int main()
{
    int a[N], *p = a;
    int interval;                    //定义interval为要报的数
    int i, k = 0, m = 0;
    for(i = 0; i < N; i++)
        p[i] = i+1;                  //给小孩编号
    cout<<" Enter the interval:";
    cin>>interval;                   //输入要报的数
    while(m < N - 1)                 //退出人数小于N-1时处理
    {
        for(p = a; p < a + N; p++)
            if(*p!= 0)               //判断该小孩是否已离开
            {
                k++;
                if (k == interval)
```

```
                {
                    k = 0;
                    cout<<*p<<" ";              //输出离开的小孩的编号
                    *p = 0;                     //标识小孩已离开
                    m++;
                }
            }
        }
    p = a;
    while(*p == 0)
        p++;
    cout<<endl<<"The last one is: "<<*p<<endl;  //输出胜利者
    return 0;
}
```

运行结果：
```
Enter the interval: 8
8 6 5 7 10 3 2 9 4
The last one is: 1
```

【例8.4】输入N个字符串，降序排序后输出，使用指针数组实现，假定N为5。

分析：对字符串排序可使用前面介绍的排序算法，这里使用冒泡法。由于程序要求输入多个字符串，因此要使用二维字符数组，定义二维字符数组str来存放N个字符串，每个字符串的长度小于20，即：char str[N][20];。另外定义长度为N的指针数组p，使其每个数组元素分别指向这N个字符串。这样排序时，不必交换字符串的内容，只需交换指针数组中各数组元素的值即可。注意：对字符串的比较应使用字符串比较函数strcmp()。

源程序：
```cpp
#include <iostream>
#include <string>
using namespace std;
const int N = 5;
int main()
{
    char str[N][20], *p[N], *temp;              //定义二维字符数组和指针数组
    int i, j;
    for(i=0; i<N; i++)
        p[i] = str[i];                          //指针数组的数组元素分别指向各个字符串
    cout<<"Enter strings:\n";
    for(i=0;i<N;i++)
        cin.getline(p[i],20);                   //输入字符串
    for(i=0;i<N-1;i++)                          //用冒泡法排序
        for(j=0; j<N-1-i; j++)
        {
            if(strcmp(p[j],p[j+1])<0)           //交换指针变量的值，即交换指针变量的指向
            {
                temp = p[j];
                p[j] = p[j+1];
                p[j+1] = temp;
            }
        }
    cout<<"After sorting:\n";
    for(i=0; i<N; i++)
        cout<<p[i]<<endl;
    return 0;
}
```

运行结果:

```
Enter 5 strings:
C++
Java
Python
C#
Pascal
After sorting:
Python
Pascal
Java
C++
C#
```

【例8.5】 若有N个字符串,输出最大的字符串,使用指针数组实现,假定N为5。

分析:若不需要输入字符串,可使用指针数组初始化的方式使指针数组的每一个数组元素指向一个字符串,即定义指针数组p,包含N个数组元素,每一个元素指向一个字符串。定义整型变量max代表最大字符串的下标,初始值为0,即将第一个字符串作为最大串,而后依次与其他字符串进行比较,使得max中始终存放最大串的下标。

源程序:

```cpp
#include <iostream>
#include <string>
using namespace std;
const int N=5;
int main()
{
    char *p[N]={"happy", "department", "instrument", "follow", "computer"};
    int i;
    int kmax = 0;                       //kmax中存放最大字符串的下标
    for(i = 1; i < N; i++)
        if(strcmp(p[kmax], p[i])<0)
            kmax = i;
    cout<<"The maximum string is: "<<p[kmax]<<endl;
    return 0;
}
```

运行结果:

```
The maximum string is: instrument
```

三、实验内容

1. 单选题

(1)指针是指该变量的_____。

  A. 值   B. 地址   C. 名   D. 一个标志

(2)若有以下语句:

  int *p, a=4;
  p=&a;

  下面均代表地址的一组选项是:_____。

  A. a, p, *&a B. &*a, &a, *p C. *&p, *p, &a D. &a, &*p, p

(3)以下选项中正确的是:_____。

  A. int *p = 100;   B. double *p; int *q; p = q;

  C. int *p; double x; p = &x;   D. int x, *p = &x;

（4）类型相同的两个指针变量之间，不能进行的运算是：_____。

    A．＜   B．＝   C．＋   D．-

（5）若有以下程序段：

```
int *p, a=10, b=1;
p=&a;
*p+=b;
```

则执行该程序段后，a的值为：_____。

    A．12   B．11   C．10   D．编译出错

（6）设有以下语句：

```
char s[]="China",*p=s;
```

则下面叙述正确的是_____。

    A．s和p都可以进行自增运算   B．数组s的内容和指针变量p中的内容相同

    C．数组s的长度和p所指向的字符串长度相等   D．*p和s[0]相等

（7）若有以下说明语句：

```
char a[]="It is mine";
char *p="It is mine";
```

则下面叙述不正确的是_____。

    A．a+1表示的是字符t的地址

    B．p指向另外的字符串时，字符串的长度不受限制

    C．p变量中存放的地址值可以改变

    D．a中只能存放10个字符

（8）若有以下语句：

```
int a[10]={1,2,3,4,5,6,7,8,9,10},*p=&a[3],b;
b=p[5];
```

则b的值是_____。

    A．5   B．6   C．8   D．9

（9）以下程序段中，不能正确赋值的是：_____。

    A．char *ps; cin>>ps;   B．char *ps = "Happy";

    C．char s[10], *ps = s; cin>>ps;   D．char *ps; ps = "Happy";

（10）若有定义：int *p[4];，则标识符p_____。

    A．是一个指向整型变量的指针变量

    B．是一个指针数组名

    C．是一个行指针，它指向一个含有四个整型元素的一维数组

    D．定义不合法

（11）若有定义：int (*p)[4];，则标识符p_____。

    A．是一个指向整型变量的指针

    B．是一个指针数组名

    C．是一个行指针变量，它指向一个含有四个整型元素的一维数组

    D．定义不合法

（12）若有以下语句：

```
char *p[2]={"1234", "5678"};
```

则正确的叙述是_____。

    A．p数组的两个元素中各自存放了字符串"1234"和"5678"的首地址

    B．p数组的两个元素中分别存放的是含有4个字符的一维字符数组的首地址

C．p是指针变量，它指向含有两个数组元素的字符型一维数组

D．p数组元素的值分别是"1234"和"5678"

（13）若有以下定义：

```
int a[2][3];
```

则对a数组的第i行第j列元素地址的正确表示形式为_____。

A．*(*(a+i)+j)　　　　B．(a+i)[j]　　　　C．*(a+j)　　　　D．a[i]+j

（14）以下程序的输出结果为_____。

```cpp
#include <iostream>
#include <string>
using namespace std;
int main()
{
    char *p[10]={"abc","aabdfg","dcdbe","abbd","cd"};
    cout<<strlen(p[4]);
    return 0;
}
```

A．2　　　　B．3　　　　C．4　　　　D．5

2．分析以下程序，写出程序的运行结果，并上机调试验证结果

（1）下面程序的运行结果为_____。

```cpp
#include <iostream>
using namespace std;
int main()
{
    int i=5,*p=&i;
    *p=10;
    cout<<"i="<<i<<endl;
    return 0;
}
```

（2）下面程序的运行结果为_____。

```cpp
#include <iostream>
using namespace std;
int main()
{
    int a[]={1,2,3,4,5};
    int *p=a;
    *(p+3)*=3;
    cout<<"*p="<<*p<<endl<<"*(p+3)="<<p[3]<<endl;
    return 0;
}
```

（3）下面程序的运行结果为_____。已知程序运行时输入：1 5 -2 8 3

```cpp
#include <iostream>
using namespace std;
int main()
{
    int a[5],*p, min, max, i;
    for(p=a; p<a+5; p++)
        cin>>*p;
    p=a;
    min=max=*p;
    for(i=1;i<5;i++)
    {
        if(min>p[i])
```

```
                min=p[i];
            if (max<p[i])
                max=p[i];
        }
        cout<<"min="<<min<<endl<<"max="<<max<<endl;
        return 0;
    }
```

（4）下面程序的运行结果为_____。
```
    #include <iostream>
    using namespace std;
    int main()
    {
        int a[12]={1,2,3,4,5,6,7,8,9,10,11,12},*p[4];
        for(int i=0;i<4;i++)
            p[i]=&a[i*3];
        cout<<p[3][2]<<endl;
        return 0;
    }
```

（5）下面程序的运行结果为_____。
```
    #include <iostream>
    using namespace std;
    int main()
    {
        char **pp;
        char *s[]={"hello","good morning","how are you"};
        pp=s;
        for(int i=0;i<3;i++,pp++)
            cout<<*pp<<endl;
        return 0;
    }
```

（6）下面程序的运行结果为_____。
```
    #include <iostream>
    using namespace std;
    int main()
    {
        int a[5]={1,2,3,4,5},i,*p[5],**pp;
        for(i=0;i<5;i++)
            p[i]=a+i;
        for(pp=p;pp<p+5;pp++)
            cout<<**pp<<" ";
        cout<<endl;
        return 0;
    }
```

（7）下面程序的运行结果为_____。
```
    #include <iostream>
    using namespace std;
    int main()
    {
        char c,(*p)[3];
        char s[2][3]={ 'a', 'b', 'c', 'd', 'e', 'f'};
        p=s;
        c=*(p[0]+1);
        cout<<"c="<<c<<endl;
        return 0;
    }
```

（8）下面程序的运行结果为_____。
```
#include <iostream>
using namespace std;
int main()
{
    int a = 5;
    int &ref = a;
    ref += 5;
    cout<<"a="<<a<<","<<"ref="<<ref<<endl;
    a*=10;
    cout<<"a="<<a<<","<<"ref="<<ref<<endl;
    return 0;
}
```

3. 程序填空

（1）下面程序的功能是输出：

program
rogram
ogram
gram
ram
am
m

请填空，完成如下程序。
```
#include <iostream>
using namespace std;
int main()
{
    char *p="program";
    for(; *p!='\0'; ____①____)
        cout<<____②____<<endl;
    return 0;
}
```

（2）下面程序的功能是：输入两个数，将其按从小到大的顺序输出。
```
#include <iostream>
using namespace std;
int main()
{
    int a, b,*p=&a,*q=&b,*t;
    cout<<"Enter two integers:";
    cin>>a>>b;
    if (a > b)
    {
        ____①____;
        ____②____;
        ____③____;
    }
    cout<<*p<<","<<*q<<endl;
    return 0;
}
```

（3）下面程序的功能是输出6385。
```
#include <iostream>
using namespace std;
int main()
{
```

```
        char ch[2][5]={"6934","8254"},*p[2];
        int i, j, s = 0;
        for(i=0;i<2;i++)
             ①    ;
        for(i=0;i<2;i++)
            for(j=0;p[i][j]>= '0'&&p[i][j]<= '9';j+=2)
                s=10*s+p[i][j]- '0';
        cout<<s;
        return 0;
    }
```

（4）下面程序的功能是：使用动态分配技术输出一个整型数组中的所有数组元素。

```
    #include <iostream>
    using namespace std;
    int main()
    {
        int n;
        int *p;
        cout<<"please input the number of the data:";
        cin>>n;
           ①    ;
        if(p==0)
        {
            cout<<"can't allocate!";
            exit(0);
        }
        for(int i=0;i<n;i++)
        {
            p[i]=(i+1)*2;
            cout<<p[i]<<" ";
        }
           ②    ;
        return 0;
    }
```

（5）下面的程序完成3个操作：

① 输入10个字符串（每个字符串不多于9个字符），依次放在a数组中，指针数组str中的每个元素依次指向每个字符串的首地址。

② 输入每个字符串。

③ 从这些字符串中选出最小的那个字符串输出。

```
    #include <iostream>
    #include <string>
    using namespace std;
    int main()
    {
        char a[100], *str[10], *sp;
        int i, k;
        sp=    ①    ;
        cout<<"Enter 10 strings:";
        for(i=0;i<10;i++)
        {
            cin>>sp;
            str[i] = sp;
            k = strlen(sp);
            sp +=    ②    ;
        }
```

```
        k=0;
        for(i = 1; i < 10; i++)
            if(strcmp(str[i], str[k])____③____)
                k=i;
        cout<<"The minimal string: ";
        cout<<____④____<<endl;
        return 0;
    }
```

4. 编写程序并上机调试运行

（1）使用指针变量，输出一个长度为N的整型数组中的最大值和最小值，假定长度N为10。

（2）使用指针变量，输入一个长度为N的整型数组，将其逆序后输出，假定长度N为10。

（3）使用指针变量，判断一个字符串是否为回文串。回文串即正着读和反着读都相同的字符串，例如noon是回文串，而moon则不是回文串。

（4）使用指针变量，输入一个字符串，输出其长度。

（5）输入10个字符串，将其降序排序后输出。要求使用指针数组，字符串由键盘输入。

（6）编写程序，当输入1~7（表示星期几）时，显示相应的星期的英文名称，输入其他整数时则显示错误信息。

（7）分别使用二级指针变量和行指针变量，输出一个3行4列的二维整型数组的所有数组元素并求和。

（8）编写程序，使用动态数组，输入学生人数n和m个成绩，对其按降序排序后进行输出。

四、问题讨论

（1）使用指针变量有何优点？

（2）如何使用指针变量访问一维数组元素、二维数组元素？

（3）对多个字符串排序，使用何种方法较简便？

（4）引用本身有无地址？

（5）使用动态内存分配技术时，如果分配不成功，应如何处理？

实验九 函数及其调用

一、实验目的

（1）掌握函数的定义。
（2）了解函数原型声明与函数定义的区别与联系。
（3）掌握函数调用的基本方法和返回值的用法。
（4）深刻理解函数的值调用机制。

二、范例分析

【例9.1】编写函数把华氏温度转为摄氏温度，公式为$C=(F-32)*5/9$，在主函数中进行输入和输出，从键盘输入华氏温度值。

分析：因为函数要根据公式$C=(F-32)*5/9$来计算C，因此需要一个形参来表示F。由于函数要返回一个值，即求得的C，因此该函数的类型应为double型。

源程序：

```cpp
#include <iostream>
using namespace std;
double convert(double);            //函数原型声明
int main()
{
    double f,c;
    cout<<"Enter the temperature in Fahrenheit: ";
    cin>>f;
    c=convert(f);                  //调用convert()函数
    cout<<"Here's the temperature in Celsius: ";
    cout<<c<<endl;
    return 0;
}
double convert(double f)           //函数定义
{
    double c;
    c=(f-32)*5/9.0;
    return c;
}
```

运行结果为：

Enter the temperature in Fahrenheit: 100
Here's the temperature in Celsius: 37.7778

【例9.2】编写一个求任意实数的绝对值的函数，在主函数中调用该函数，并输出结果，实数从键盘输入。

分析：求绝对值的函数需要一个形参，表示从主调函数得到的数据，函数返回值的类型为double型，因此函数类型应定义为double型。

源程序：

```cpp
#include <iostream>
using namespace std;
double absolute(double x);      //函数原型声明
int main()
{
    double a;
    cout<<"Enter a real number: ";
    cin>>a;
    double s=absolute(a);       //调用absolute()函数
    cout<<s<<endl;
    return 0;
}
double absolute(double x)       //函数定义
{
    if(x<0)
        return -x;
    return x;
}
```

运行结果为：

```
Enter a real number: -2.5
2.5
```

【例9.3】编写求阶乘的函数，在主函数中调用该函数，求 1!+2!+3!+…+n!，并输出结果，n 从键盘输入（$n<10$）。

分析：求阶乘的函数需要一个形参，函数类型为double。由于在主函数中要求 1!+2!+3!+…+n!，因此要循环调用该函数求累加和。

源程序：

```cpp
#include <iostream>
using namespace std;
double fa(int n);               //函数原型声明
int main()
{
    int n;
    cout<<"Enter an integer n(n<10): ";
    cin>>n;
    double s=0;
    for(int i=1;i<=n;i++)
        s+=fa(i);               //调用fa()函数
    cout<<s<<endl;
    return 0;
}
double fa(int n)                //函数定义
{
    double m=1;
    for(int i=1;i<=n;i++)
        m*=i;
    return m;
}
```

运行结果为:

```
Enter an integer n(n<10): 5
153
```

【例9.4】 编写函数,求任意整数的各位数字之和。在主函数中调用该函数,并输出结果,该数从键盘输入。如输入324,则其和为3+2+4=9。

分析:为了求任意整数的各位数字之和,函数需要定义一个形参来表示这个整数,函数类型为整型。

源程序:

```cpp
#include <iostream>
using namespace std;
int sum(int x);                //函数原型声明
int main()
{
    int a;
    cout<<"Enter an integer: ";
    cin>>a;
    double s=sum(a);           //调用sum()函数
    cout<<s<<endl;
    return 0;
}
int sum(int x)                 //函数定义
{
    int s=0;
    while(x!=0)
    {
        s+=x%10;
        x/=10;
    }
    return s;
}
```

运行结果为:

```
Enter an integer: 123
6
```

【例9.5】 编写一个函数,求两个整数的最大公约数,在主函数中调用该函数,并输出结果,从键盘输入这两个整数。

分析:函数需要定义两个整型形参,得到的结果仍为整型,因此函数类型定义为整型。函数中使用辗转相除法求最大公约数。

源程序:

```cpp
#include <iostream>
using namespace std;
int gcd(int x,int y);          //求最大公约数函数原型说明
int main()
{
    int a,b;
    cout<<"Enter 2 integers:\n";
    cin>>a>>b;                 //输入数据
    cout<<"The greatest common divisor is: "<<gcd(a,b)<<endl;  //调用gcd()函数
    return 0;
}
int gcd(int x1,int x2)         //函数定义
{
    int reminder=1;
    while (reminder!=0)
```

```
        {
            reminder=x1%x2;
            x1=x2;
            x2=reminder;
        }
        return x1;
}
```

运行结果为：

```
Enter 2 integers:
3 9
The greatest common divisor is: 3
```

三、实验内容

1. 单选题

（1）已知一函数的定义是：

```
void fun(double d)
{
    cout<<d+d;
}
```

则该函数的原型是_____。

  A．void fun(d);　　　　　　　　　　B．void fun(double);

  C．double fun(double d);　　　　　　D．fun(double);

（2）当一个函数无返回值时，定义时函数的类型应是_____。

  A．void　　　　B．int　　　　C．任意　　　　D．无

（3）函数调用时，被调用函数的原型可省略的情况是_____。

  A．被调用函数是无参函数　　　　　　B．被调用函数无返回值

  C．函数的定义出现在其调用之前　　　D．函数的定义在其他程序文件中

（4）在一个被调函数中，关于return语句的描述错误的是_____。

  A．被调函数可以不用return语句

  B．被调函数可以使用多个return语句

  C．被调函数中如果有返回值，就一定要有return语句

  D．被调函数中一个return语句可以返回多个值给调用函数

（5）在值调用中，要求_____。

  A．实参和形参的类型可任意，个数相等

  B．实参和对应形参的类型应一致，个数相等

  C．实参和形参对应的类型任意，个数任意

  D．实参和形参的类型一致，个数任意

（6）下列关于函数的类型与返回值表达式的类型的描述中错误的是_____。

  A．函数的类型是在定义函数时确定的，函数调用时不能改变

  B．函数的类型就是返回值表达式的类型

  C．函数的类型和返回值表达式的类型不一致时，以函数类型为准

  D．函数的类型决定了返回值表达式的类型

（7）以下关于return语句的描述错误的是_____。

  A．函数可以不使用return语句

  B．函数中可出现多个return语句

  C．函数中如果有返回值，就一定要有return语句

D．一个return语句可以返回多个值

（8）若在程序中定义了以下函数

double sum(double a,double b,double c)
{   return a+b+c;   }

并将其放在调用语句之后，则在调用之前应对该函数进行说明，以下选项中错误的说明是_____。

A．double sum(double a,b,c);

B．double sum(double,double,double);

C．double sum(double c,double a,double b);

D．double sum(double x, double y,double z);

（9）若在某函数定义时省略数据类型，则该函数的类型应是：_____。

A．void   B．int   C．任意   D．无

（10）下面关于函数的描述错误的是：_____。

A．使用函数可以简化程序逻辑   B．函数是功能的封装，可以被反复调用

C．main()函数同样也可以被其他函数调用   D．函数既可以返回值也可以不返回值

2．填空题

（1）下面p()函数的功能是实现x^n，在主函数中调用该函数，填空实现$m=a^4$，a的值由键盘输入。

```
#include<iostream>
using namespace std;
double p(double x, int n)
{
    double y = 1;
    for (int i = 1;_____①_____;i++)
        y *= x;
    _____②_____;
}
int main()
{
    int a;
    cin>>a;
    double m=_____③_____;
    cout<<m<<endl;
    return 0;
}
```

（2）下面程序的功能是输出50~100以内的所有素数，isPrime()函数用于判断一个整数是否为素数，main()函数中调用isPrime()函数对数据进行判断，而后输出结果。

```
#include <iostream>
using namespace std;
_____①_____;
int main()
{
    for(int x = 51; x < 100; x += 2)
        if(_____②_____)
            cout<<x<<endl;
    return 0;
}
int isPrime(int t)
{
    for(int i = 2; i < t; i++)
    {
        if(t % i == 0)
            _____③_____;
```

```
        }
        return 1;
    }
```

3. 编程题

（1）编写一个判断奇偶数的函数，在主函数中由键盘输入一个整数，调用函数输出其为奇数还是偶数。

（2）编写函数把摄氏温度转为华氏温度，公式为$F=9C/5+32$，在主函数中调用该函数，输出10℃～40℃范围内、间隔5℃的摄氏温度对应的华氏温度。

（3）编写函数计算$x!$，在主函数中输入n和m，调用该函数，输出的$C_n^m = \dfrac{n!}{m! \times (n-m)!}$值。

（4）编写两个函数分别求2^n，$n!$，在主函数中调用这两个函数计算$2^1 \times 1! + 2^2 \times 2! + \cdots + 2^n \times n!$（$n<10$），并在主函数中输入$n$的值，输出结果。

（5）编写函数判断输入的年份是否为闰年，在主函数中调用该函数，并输出结果。

（6）编写一个函数，根据给定的年、月、日输出该日是该年的第几天。在主函数中输入年、月、日的值，调用该函数并输出结果。

（7）编写函数求$\sin(x)$，计算$\sin(x)$的近似公式为：

$$\sin x \approx x - \frac{x^3}{3!} + \frac{x^5}{5!} - \frac{x^7}{7!} + \cdots + (-1)^{n-1}\frac{x^{2n-1}}{(2n-1)!}$$

其中x以弧度为单位。在主函数中输入x的值并调用该函数，输出结果。

四、问题讨论

（1）如何定义一个函数？如何调用一个函数？如何写函数的原型声明？

（2）return语句的作用是什么？

（3）什么是形参？什么是实参？

（4）在函数调用时，是如何将实参的值传递给形参的？

实验十 函数与指针

一、实验目的

（1）深刻理解并掌握函数的值传递机制中地址值的传递。
（2）掌握指针作为函数参数时的实质。
（3）掌握用数组名作参数解决数组中大量数据在函数间的传递问题。
（4）了解引用调用机制。

二、范例分析

【例10.1】编写函数，求长度为 n 的整型数组a中的最大值和最小值。在主函数中调用该函数，并输出结果，该数组从键盘输入。

分析：函数中要求最大值和最小值，因此需要有两个返回值，故使用传递地址值的调用机制。在主调函数中可定义两个变量m和n，分别代表最大值和最小值，在调用函数时，将它们的地址值作为参数传递到函数中，相应的形参为指针变量。

源程序：

```
#include <iostream>
using namespace std;
const int N=5;                                  //N为数组长度
void extrm(int a[],int n,int *max,int *min);    //函数原型声明
int main()
{
    int a[N];
    cout<<"Enter the array:\n";
    for(int i=0;i<N;i++)
        cin>>a[i];
    int m,n;
    extrm(a,N,&m,&n);                           //调用函数
    cout<<"max="<<m<<"\nmin="<<n<<endl;
    return 0;
}
void extrm(int a[],int n,int *max,int *min)     //函数定义
{
    *max=*min=a[0];                             //将a[0]作为最大值和最小值
    for(int i=1;i<n;i++)
    {
        if(*max<a[i])
            *max=a[i];
```

```
            if(*min>a[i])
                *min=a[i];
    }
}
```

运行结果为：

```
Enter the array:
-3 1 9 12 -5
max=12
min=-5
```

【例10.2】 编写函数，求整型数组a中n个数组元素的累加和。在主函数中调用该函数，并输出结果，该数组从键盘输入。

分析：由于函数是要求数组的累加和，因此要将数组名作为参数进行传递，形参可使用指针变量或数组名，函数中使用指针变量作为形参。有时，需要进行处理的数组元素个数小于数组的长度，因此将元素个数作为参数进行传递可使程序更加灵活。

源程序：

```
#include <iostream>
using namespace std;
const int N=20;              //N为数组长度
int sum(int *a,int n);       //函数原型声明
int main()
{
    int a[N],m;              //m表示需要处理的数组元素个数
    cout<<"Enter m(m<"<<N<<"):";
    cin>>m;
    cout<<"Enter the array:\n";
    for(int i=0;i<m;i++)
        cin>>a[i];
    int s=sum(a,m);          //调用函数
    cout<<s<<endl;
    return 0;
}
int sum(int *a,int n)        //函数定义
{
    int s=0;
    for(int i=0;i<n;i++)
        s+=a[i];
    return s;
}
```

运行结果为：

```
Enter m(m<20):5
Enter the array:
1 2 3 4 5
15
```

【例10.3】 编写函数，删除给定字符串中的某个字符b。在主函数中调用该函数，并输出结果，该字符串及待删除的字符从键盘输入。

分析：由于函数要对字符串进行操作，因此要将字符串的首地址作为参数进行传递，函数中形参要使用指针变量或数组形式。

源程序：

```
#include <iostream>
using namespace std;
void del(char *,char);       //函数原型声明
```

```
int main()
{
    char s[50];
    cout<<"Enter a string: ";
    cin.getline (s,50);              //输入字符串
    char x;
    cout<<"Enter a character to delete: ";
    cin>>x;                          //输入要删除的字符
    del(s,x);                        //调用函数
    cout<<"after deleted:"<<endl;
    cout<<s<<endl;                   //输出
    return 0;
}
void del(char *p,char t)             //函数定义
{
    for(int i=0,j=0;p[i]!='\0';i++)
    {
        if(p[i]!=t)
            p[j++]=p[i];
    }
    p[j]='\0';
}
```

运行结果为:

```
Enter a string: A*B*C*D***F
Enter a character to delete: *
after deleted:
ABCDF
```

【例10.4】编写3个函数，分别实现对长度为N的整型数组a输入、排序、输出。在主函数中调用这些函数，并输出结果，从主函数中输入数组a的各个数组元素。假定N为5。

分析：由于函数是对数组的操作，因此要使用传递地址的调用方式。当实参为数组名时，形参可为数组名或指针变量，数组长度也可以作为参数进行传递。本例中输入函数的形参为数组名；排序函数的形参为指针变量；输出函数的形参为数组名，同时给出了数组长度。

源程序：

```
#include <iostream>
using namespace std;
const int N=5;                       //N为数组元素个数
//函数原型说明
void input(int s[],int n);           //输入函数
void sort(int *s,int n);             //排序函数
void output(int s[],int n);          //输出函数
int main()
{
    int a[N];
    input(a,N);                      //调用input()函数为数组元素输入数据
    sort(a,N);                       //调用sort()函数进行排序
    cout<<"----------------------\n";
    output(a,N);                     //调用output()函数输出数组元素
    return 0;
}
void input(int s[],int n)            //为数组元素赋值
{
    cout<<"Enter "<<n<< " integers:"<<endl;
    for (int i=0;i<n;i++)
```

```
            cin>>s[i];
    }
    void sort (int *s,int n)                //对数组进行升序排序
    {
        int t;
        for (int i=0;i<n-1;i++)
            for(int j=0;j<n-1-i;j++)
                if ( *(s+j)>*(s+j+1) )
                {
                    t=*(s+j);
                    *(s+j)=*(s+j+1);
                    *(s+j+1)=t;
                }
    }
    void output(int s[],int n)              //输出数组元素
    {
        for (int i=0;i<n;i++)
            cout<<s[i]<<"  ";
        cout<<endl;
    }
```

运行结果为：
```
Enter 5 integers:
9 10 7 3 -2
----------------------
-2  3  7  9  10
```

【例10.5】 编写函数，实现对行数和列数分别为N和M的二维数组a的转置，将结果存放到另一个二维数组中。在主函数中调用该函数，并输出结果，该数组从键盘输入。假定N为2，M为3。

分析： 在对二维数组进行操作时，要将二维数组名作为参数进行传递，而相应的形参也应该是二维数组形式，数组长度中列数必须给定，行数可省略。

源程序：
```
#include <iostream>
using namespace std;
const int N=2,M=3;                          //N为数组行数，M为列数
void trans(int a[][M],int b[][N]);          //函数原型说明
int main()
{
    int a[N][M],b[M][N];                    //a数组为初始数组，b数组代表a数组的转置
    cout<<"Enter the array:\n";
    for(int i=0;i<N;i++)                    //输入数组元素
        for(int j=0;j<M;j++)
            cin>>a[i][j];
    cout<<"The original array is:\n";
    for( i=0;i<N;i++)
    {
        for(int j=0;j<M;j++)
            cout<<a[i][j]<<"\t";
        cout<<endl;
    }
    trans(a,b);                             //调用函数
    cout<<"The transpose array is:\n";
    for( i=0;i<M;i++)                       //输出数组元素
    {
        for(int j=0;j<N;j++)
            cout<<b[i][j]<<"\t";
```

```
            cout<<endl;
        }
        return 0;
}
void trans(int a[][M],int b[][N])       //定义函数
{
    for (int i=0;i<N;i++)
        for(int j=0;j<M;j++)
            b[j][i]=a[i][j];
}
```

运行结果：

```
Enter the array:
1 2 3 4 5 6
The original array is:
1       2       3
4       5       6
The transpose array is:
1       4
2       5
3       6
```

【例10.6】编写函数，实现字符串的复制。在主函数中输入字符串，调用该函数，并输出结果。

分析：为了实现字符串的复制，需要定义两个形参，第一个形参表示目标字符串，第二个字符串表示源串，函数中形参可使用指针变量或数组形式。本例中使用指针变量作为形参，注意在函数原型声明中，当省略形参名时，指针变量标志不可以省略。

源程序：

```
#include <iostream>
using namespace std;
void copy(char *, char*);           //函数原型声明
int main()
{
    char s[50], t[50];              //s表示源串，t表示目标字符串
    cout<<"Enter a string: ";
    cin.getline (s,50);
    copy(t,s);                      //函数调用
    cout<<"after copied: ";
    cout<<t<<endl;
    return 0;
}
void copy( char *d,  char *s)       //函数定义
{
    for(int i=0; s[i] != '\0'; i++)
        d[i] = s[i];
    d[i] = '\0';
}
```

运行结果为：

```
Enter a string: Tom and Jerry
after copied: Tom and Jerry
```

【例10.7】编写函数，实现两个字符串的比较。在主函数中调用该函数，并输出结果，这两个字符串从键盘输入。

分析：为了实现两个字符串的比较，需要定义两个形参，函数中形参可使用指针变量或数组形式，本例使用了数组形式作为形参。函数返回值有三种情况：当返回正整数时，表示第一个字符串大于第二个字符串；当返回0时，表示两个字符串相等；当返回负整数时，表示第一个字符串小于第二个字符串。

源程序：
```cpp
#include <iostream>
using namespace std;
int cmp(char [],char []);            //函数原型声明
int main()
{
    char s[50],t[50];
    cout<<"Enter 2 strings:\n";
    cin.getline (s,50);
    cin.getline (t,50);
    int n=cmp(s,t);                  //调用函数
    if(n>0)
        cout<<s<<">"<<t<<endl;
    else if(n==0)
        cout<<s<<"="<<t<<endl;
    else
        cout<<s<<"<"<<t<<endl;
    return 0;
}
int cmp(char t1[],char t2[])         //函数定义
{
    for(int i=0;t1[i]!='\0'&&t2[i]!='\0';i++)
        if(t1[i]!=t2[i])
            break;
    return t1[i]-t2[i];
}
```

分别运行3次该程序，结果为：
```
Enter 2 strings:
happy
happen
happy>happen

Enter 2 strings:
collon
collon
collon=collon

Enter 2 strings:
sure
true
sure<true
```

【**例10.8**】使用多文件实现例10.4的排序程序。

分析：在Visual C++ 6.0中，一个程序对应一个项目，一个项目中可包含多个源程序文件、头文件及其他文件，在连接生成可执行程序时，VC会将项目中包含的多个文件组成一个可执行程序。采用模块化的程序设计方法，程序由多个函数组成，将程序的功能分解到不同的函数中来实现，从而实现结构化的程序设计。前面我们将组成程序的若干函数都放在了一个源文件中，实际上我们经常将组成程序的若干函数放在多个文件中，下面介绍如何用多文件来编制一个程序。

（1）同前面建立程序一样，首先使用应用程序向导AppWizard创建一个基于控制台"Win32 Console Application"的项目，项目名为Example10_8。

（2）添加源程序文件myFun.cpp到项目中。选择"File"菜单中的"New"命令，弹出"New"对话框。在"Files"选项卡下，选择列表中的"C++ Source File"选项建立源程序文件；在"File"编辑栏中输入新建文件名：myFun，确定"Add to project"复选项被选中，以便将建立的源文件myFun.cpp添加到项目

中。单击"OK"按钮，则Visual C++ 6.0建立源文件myFun.cpp到项目中，并在右边的文件编辑窗口将其打开，此时输入该源程序代码，使程序中包含的输入、排序、输出三个函数的函数定义（注意增加了一条文件包含指令，因为函数中使用了cin和cout）：

```cpp
#include <iostream>
using namespace std;
void input(int s[],int n)            //输入数据到数组中
{
    cout<<"Enter "<<n<< " integers:"<<endl;
    for (int i=0;i<n;i++)
        cin>>s[i];
}
void sort (int *s,int n)             //对数组进行升序排序
{
    int t;
    for (int i=0;i<n-1;i++)
        for(int j=0;j<n-1-i;j++)
        if ( *(s+j)>*(s+j+1) )
        {
            t=*(s+j);
            *(s+j)=*(s+j+1);
            *(s+j+1)=t;
        }
}
void output(int s[],int n)           //输出数组元素
{
    for (int i=0;i<n;i++)
        cout<<s[i]<<"  ";
    cout<<endl;
}
```

输入后，进行编译。编译无错，存盘关闭该文件。

（3）再添加头文件myFun.h到项目中。还是选择"File"菜单中的"New"命令，弹出"New"对话框。在"Files"选项卡下，选择列表中的"C/C++ Header File"选项建立头文件；在"File"编辑栏中输入新建文件名：myFun，确定"Add to project"复选项被选中。单击"OK"按钮，则Visual C++ 6.0建立头文件myFun.h到项目中，并在右边的文件编辑窗口将其打开，此时输入该文件内容，是上面三个函数的原型声明：

```cpp
void input(int s[],int n);           //输入函数原型声明
void sort(int *s,int n);             //排序函数原型声明
void output(int s[],int n);          //输出函数原型声明
```

输入后，保存并关闭该文件（注意不能对头文件进行编译）。

（4）再添加源程序文件test.cpp到项目中。同前面的操作一样，建立源文件test.cpp到项目中，输入该文件的代码，是程序的主函数：

```cpp
#include <iostream>
using namespace std;
const int N=10;                      //N为数组元素个数
int main()
{
    int a[N];
    input(a,N);                      //调用input()函数为数组元素输入数据
    sort(a,N);                       //调用sort()函数进行排序
    cout<<"---------sort----------\n";
    output(a,N);                     //调用output()函数输出数组元素
    return 0;
}
```

输入后，进行编译，出现了语法错误，指示文件中的input、sort和output是没有声明的标识符，因为没有这些函数的原型声明，将包含它们的原型声明的头文件myFun.h包含进来，变为：

```
#include <iostream>
#include "myFun.h"
using namespace std;
const int N=10;              //N为数组元素个数
int main()
{
    int a[N];
    input(a, N);             //调用input()函数为数组元素输入数据
    sort(a, N);              //调用sort()函数进行排序
    cout<<"---------sort----------"<<endl;
    output(a, N);            //调用output()函数输出数组元素
    return 0;
}
```

再编译，则该源文件无编译错误，保存并关闭该文件。

在工作区窗口，选择FileView页面，展开其中的Source Files和Header Files文件夹，可看到项目中包含的两个源文件和一个头文件。双击这三个文件，将它们打开在编辑窗口，则Visual C++ 6.0窗口如下图所示。

最后运行程序，则运行结果同例10.4相同。

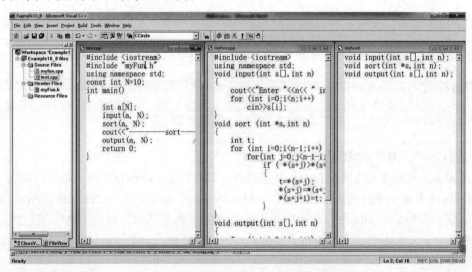

例10.8项目中包含的三个文件

三、实验内容

1. 单选题

（1）下面关于形参描述错误的是：_____。
    A. 如果形参为数组，则形参声明中 [] 内可不指明数组大小
    B. 形参为数组，本质上传递的是数组的首地址，即等同于参数为指针类型
    C. 形参不可以与实参重名，否则会造成代码运行出错
    D. 函数未被调用时，形参不占内存空间，当函数调用结束后，形参占用的内存空间被释放

（2）若函数的形参为一维数组，则下列叙述中错误的是：_____。
    A. 形参数组可以不指定大小
    B. 函数中对形参数组的修改将会影响到实参
    C. 调用函数时对应的实参应为数组名
    D. 调用函数时系统会为形参数组分配存储空间

（3）已知定义：int a[3][4]; 当数组名a作为函数实参时，形参得到的是：_____。

  A．数组的全部12个元素的值   B．数组元素的个数

  C．数组第一个元素a[0][0]的值   D．数组第0行的起始地址

（4）已知函数f的原型声明是：

```
void f(int *x, long &y);
```

则以下对函数f()正确的调用语句是（其中a和b是变量）：_____。

  A．f(a, b); B．f(&a, b); C．f(a,&b); D．f(&a,&b);

（5）下列程序的输出结果是_____。

```cpp
#include <iostream>
using namespace std;
void func(int *a,int b[])
{
    b[0]=*a+6;
}
int main()
{
    int a,b[5];
    a=0;
    b[0]=3;
    func(&a, b);
    cout<<b[0];
    return 0;
}
```

  A．6   B．7   C．8   D．9

（6）若有以下调用语句，则不正确的fun()函数声明是_____。

```cpp
int main()
{
    ...
    int a[50],n;
    ...
    fun(n, &a[9]);
    ...
    return 0;
}
```

  A．void fun(int m, int x[]);   B．void fun(int s, int h[41]);

  C．void fun(int p, int *s);   D．void fun(int n, int a);

（7）有以下函数

```cpp
char * fun(char *p)
{
    return p;
}
```

该函数的返回值是_____。

  A．无确切的值   B．形参p中存放的地址值

  C．一个临时存储单元的地址   D．形参p自身的地址值

（8）引用调用指的是：_____。

  A．形参是指针，实参是地址   B．形参和实参都是变量

  C．形参和实参都是数组名   D．形参是引用，实参是变量

2．编程题

（1）编写将一个整数n转换成字符串的函数。在主函数中输入n的值，调用该函数并输出结果。例如，

输入123，则输出字符串"123"。

（2）编写一个函数实现对长度为n的整型数组a的升序排序。在主函数中输入数组元素的值，调用该函数并输出结果，假定数组长度为10。

（3）编写函数，用折半查找法，在长度为n的整型数组a中查找某个数据b，若找到，则返回其位置，否则返回-1。在主函数中定义数组，调用该函数并输出查找结果，假定数组长度为10，数组中的数组元素已按升序排序。

（4）编写函数，求长度为n的整型数组a中的最大值和最小值。在主函数中定义长度为10的整型数组，输入数据，进行调用，输出结果。

（5）编写函数void replace(char *s, char a,char b);，实现在字符串s中将指定的字符a替换为字符b。在主函数中调用该函数并输出结果，字符串及指定字符和替换字符从键盘输入。

（6）编写函数实现两个字符串的连接。在主函数中调用该函数并输出结果，从键盘输入这两个字符串。

四、问题讨论

（1）在函数调用中变量的地址传递与变量值传递有什么区别？

（2）数组名作为函数参数与数组元素作为函数参数有何区别？

（3）如何理解数组名作为函数参数时进行的地址传递？

实验十一
函数嵌套调用及函数重载与带默认参数的函数

一、实验目的

（1）掌握函数嵌套的概念。
（2）掌握函数嵌套中的相互调用关系。
（3）理解并掌握函数的直接递归调用和间接递归调用的方法。
（4）学会用递归调用的方法解决实际问题。
（5）了解内联函数、函数重载及带默认参数值的函数的用法。

二、范例分析

【例11.1】编写两个函数，分别实现对长度为N的整型数组的逆序和两个数据的交换，在main()函数中调用逆序函数，在逆序函数中调用交换函数。假定数组长度N为5。

分析：本例中使用函数的嵌套调用，在主函数中调用逆序函数，在逆序函数中调用交换函数实现两个数据的交换。

源程序：

```cpp
#include <iostream>
using namespace std;
const int N=5;                      //N为数组元素个数
//函数原型说明
void reverse(int *s);               //逆序函数声明
void swap(int *p,int *q);           //交换函数声明
int main()
{
    int a[N];
    cout<<"Enter "<<N<< " integers:"<<endl;
    for (int i=0;i<N;i++)
        cin>>a[i];
    reverse(a);                     //调用函数进行逆序
    for (i=0;i<N;i++)
        cout<<a[i]<<" ";
    cout<<endl;
    return 0;
}
void reverse (int *s)               //逆序函数的定义
{
    for (int i=0,j=N-1;i<j;i++,j--)
        swap(s+i,s+j);              //调用swap()函数
```

```
    }
    void swap(int *p,int *q)                //swap()函数定义
    {
        int t;
        t=*p;
        *p=*q;
        *q=t;
    }
```

运行结果为:
```
Enter 5 integers:
1 2 3 4 5
5 4 3 2 1
```

【例11.2】编写函数求下列表达式的值：$1^1+2^2+3^3+4^4+5^5$。

分析：本题采用函数嵌套来解决，在主函数中调用了sum()求和函数，在sum()函数中又调用了power()函数求幂。

源程序：
```
#include<iostream>
using namespace std;
int sum(int);
int power(int);
int main()
{
    int n;
    n=5;
    cout<<sum(n);
    return 0;
}
int sum(int x)
{
    int i,s;
    s=0;
    for(i=1;i<=x;i++)
        s+=power(i);
    return s;
}
int power(int y)
{
    int i,p;
    p=1;
    for(i=1;i<=y;i++)
        p*=y;
    return p;
}
```

运行结果为:
3413

【例11.3】编写两个函数，分别求两个整数的最大公约数和最小公倍数，在main()函数中调用这两个函数，并输出结果，两个整数从键盘输入。

分析：由于两个整数的最小公倍数可由最大公约数得到，因此最小公倍数函数中可嵌套调用最大公约数函数。

源程序：
```
#include <iostream>
using namespace std;
```

```cpp
//原型说明
int gcd(int x,int y);                  //求最大公约数函数声明
int lcm(int x,int y);                  //求最小公倍数函数声明
int main()
{
    int a,b;
    cout<<"Enter 2 integers:\n";
    cin>>a>>b;
    cout<<"The greatest common divisor is: "<<gcd(a,b)<<endl;
    cout<<"The least common multiple is: "<<lcm(a,b)<<endl;
    return 0;
}
int gcd(int x1,int x2)                 //最大公约数函数定义
{
    int reminder=1;
    while (reminder!=0)
    {
        reminder=x1%x2;
        x1=x2;
        x2=reminder;
    }
    return x1;
}
int lcm(int x1,int x2)                 //最小公倍数函数定义
{
    return x1*x2/gcd(x1,x2);           //调用最大公约数函数求最小公倍数
}
```

运行结果为：

```
Enter 2 integers:
4 6
The greatest common divisor is: 2
The least common multiple is: 12
```

【例11.4】用递归算法实现求 $n1$ 至 $n2$ 自然数之和。

源程序：

```cpp
#include<iostream>
using namespace std;
int fun(int,int);
int main()
{
    int n1,n2;
    cout<< "Enter n1 and n2(n1<n2): ";
    cin>>n1>>n2;
    cout<< "Sum of "<<n1<< " to "<<n2<< " is "<<fun(n1,n2)<<endl;
    return 0;
}
int fun(int i,int j)
{
    if(j==i)
        return i;
    else
        return j+fun(i,j-1);           //递归调用
}
```

运行结果：

```
Enter n1 and n2(n1<n2): 5 50
Sum of 5 to 50 is 1265
```

【例11.5】用递归的方法计算下列函数的值：$px(x,n) = x - x^2 + x^3 + \cdots + (-1)^{n-1}x^n$ ($n>0$)

分析：从表面上看，该函数是一个数值型问题，而不是递归定义形式。当对原来的定义进行数学变换：

$$\begin{aligned}px(x,n) &= x - x^2 + x^3 + \cdots (-1)^{n-1}x^n \\ &= x*(1 - x + x^2 - x^3 + \cdots (-1)^{n-1}x^{n-1}) \\ &= x*(1 - (x - x^2 + x^3 - \cdots (-1)^{n-2}x^{n-1})) \\ &= x*(1 - (px(x,n-1)))\end{aligned}$$

经过转换，可将原来的函数定义形式转化为等价的递归定义：

$$px(x, n) = \begin{cases} x & n=1 \\ x*(1-(px(x,n-1))) & n>1 \end{cases}$$

由此递归定义，可以确定递归算法和递归结束条件。

源程序：

```cpp
#include <iostream>
using namespace std;
double px (double, int);
int main( )
{
    double x;
    int n;
    cout<< "Enter X and N: "<<endl;
    cin>>x>>n ;
    cout<<"px="<<px(x,n) ;          //调用函数px()
    return 0;
}
double px(double x, int n)
{
    if(n==1)                        //当n=1时，结束递归
        return(x);
    else                            //否则按函数的定义继续计算
        return(x*(1-px(x,n-1)));
}
```

运行结果：

```
Ener X and N:
2 5
px=22
```

【例11.6】汉诺塔问题：有三根针A、B、C。A针上n个盘子，盘子大小不等，大的在下，小的在上，如下图所示。要求把这n个盘子从A针移到C针上，在移动过程中可以借助B针，每次只允许移动一个盘子，且移动过程中在三根针上都保持大盘在下，小盘在上。

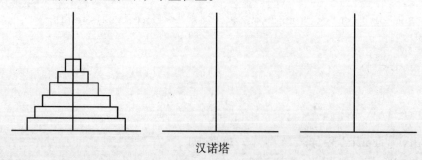

汉诺塔

分析：将n个盘子从A针移到C针可以分解为下面三个步骤：
① 将A上的n-1个盘子移到B针上（借助C针）；
② 把A针上剩下的一个盘子移到C针上；

③ 将n-1个盘子从B针上移到C针上（借助A针）；

事实上，上面三个步骤包含两个操作：

① 将多个盘子从一个针移到另一个针，这是一个递归的过程；

② 将一个盘子从一个针移到另一个针。

于是用两个函数分别实现上面两种操作，用hanoi()函数实现第一种操作，用move()函数实现第二种操作。

源程序：

```cpp
#include<iostream>
using namespace std;
void move(int n,char getone,char putone)
{
    cout<<n<<"  "<<getone<< "- - > "<<putone<<endl;
}
void hanoi(int n,char one,char two,char three)
{
    if(n==1)move(n, one,three);
    else
    {
        hanoi(n-1,one,three,two);
        move(n,one,three);
        hanoi(n-1, two,one,three);
    }
}
int main()
{
    int m;
    cout<< "Enter the number of disks: ";
    cin>>m;
    cout<< "the steps of moving  "<<m<< " disks: "<<endl;
    hanoi(m, 'a', 'b', 'c');
    return 0;
}
```

运行结果：

```
Enter the number of disks: 3
the steps of moving  3 disks:
1  a- - > c
2  a- - > b
1  c- - > b
3  a- - > c
1  b- - > a
2  b- - > c
1  a- - > c
```

【例11.7】编写函数判断某个字符是否为数字。在主函数中循环输入字符，直到输入字符'#'结束，调用该函数输出结果，将函数声明为内联函数。

【分析】在函数定义中使用关键字inline将函数声明为内联函数，编译器看到inline后，为该函数创建一段代码，以便在每次调用该函数时都用相应的一段代码来替换，从而提高程序的执行效率。

源程序：

```cpp
#include<iostream>
using namespace std;
inline int isnumber(char);      //inline()函数声明
int main()
{
```

```cpp
    char c;
    cin>>c;
    while(c!='#')
    {
        if(isnumber(c))                //调用内联函数isnumber()
            cout<<"you entered a digit\n";
        else
            cout<<"you entered a non-digit\n";
        cin>>c;
    }
    return 0;
}
int isnumber(char ch)
{
    return (ch>='0'&&ch<='9')?1:0;
}
```

运行结果：
```
1
you entered a digit
a
you entered a non-digit
*
you entered a non-digit
#
```

【例11.8】编写两个名为 add() 的重载函数，分别实现两整数相加和两实数相加的功能。

源程序：
```cpp
#include<iostream.h>
int add(int,int);
double add(double,double);
int main()
{
    int m,n;
    double x,y;
    cout<<"Enter two integer: ";
    cin>>m>>n;
    cout<<"integer "<<m<<'+'<<n<<"="<<add(m,n)<<endl;
    cout<<"Enter two real number: ";
    cin>>x>>y;
    cout<<"real number "<<x<<'+'<<y<<"="<<add(x,y)<<endl;
    return 0;
}
int add(int m,int n)
{
    return m+n;
}
double add(double x,double y)
{
    return x+y;
}
```

运行结果：
```
Enter two integer: 2 6
integer 2+6=8
Enter two real number: 1.2 5.3
real number 1.2+5.3=6.5
```

【例11.9】带默认形参值的函数应用。

源程序：

```
#include<iostream>
using namespace std;
int volume(int length,int width=2,int height=3);
int main()
{
    int x=8,y=10,z=12;
    cout<<"some box data is";
    cout<<volume(x,y,z)<<endl;
    cout<<"some box data is";
    cout<<volume(x,y)<<endl;
    cout<<"some box data is";
    cout<<volume(x)<<endl;
    cout<<"some box data is";
    cout<<volume(x,5)<<endl;
    cout<<"some box data is";
    cout<<volume(6,6,6)<<endl;
    return 0;
}
int volume(int length,int width,int height)
{
    cout<< '\t' <<length<<'\t'<<width<<'\t'<<height<<'\t';
    return length*width*height;
}
```

运行结果：

```
some box data is      8      10     12     960
some box data is      8      10     3      240
some box data is      8      2      3      48
some box data is      8      5      3      120
some box data is      6      6      6      216
```

程序说明：本程序的功能是计算长方体的体积。函数volume()是计算体积的函数，有三个形参：length（长）、width（宽）、height（高），其中width和height带有默认值。主函数中以不同形式调用volume()函数。由于函数volume()的第一个形参length在定义时没有给出默认值，因此每次调用函数时都必须给出第一个实参，用实参值来初始化形参length。由于width和height带有默认值，因此如果调用时给出三个实参，则三个形参全部由实参来初始化；如果调用时给出两个实参，则第三个形参采用默认值；如果调用时只给出一个实参，则width和height都采用默认值。

三、实验内容

1. 填空题

（1）求1到N的累加和。若采用递归定义，可以表示为如下形式：

$$\begin{cases} sum(n)=1 & (n=1) \\ sum(n)=sum(n-1)+n & (n>1) \end{cases}$$

```
int sum(int n)
{
    if(n<=0)
        cout<<"data error";
    if(n==1)
        _____①_____ ;
    else
        _____②_____ ;
}
```

（2）以下函数fun(n)利用递归方法计算阶乘n!（n≥1），main()函数输出1到10的阶乘。请填空。

```
#include <iostream>
using namespace std;
    ____①____
int main( )
{
    for(int k=0; k<10; k++)
        cout<<____②____<<endl;
    return 0;
}
double fun(int n)      //fun()函数的定义
{
    return ____③____;
}
```

（3）下面的函数实现N层嵌套平方根的计算。

$$y(x) = \underbrace{\sqrt{x+\sqrt{x+\cdots+\sqrt{x}}}}_{N层}$$

分析：这显然是一个递归问题，首先要对原来的数学函数定义形式进行变形，推导出原来函数的等价递归定义。原来函数的递归定义为：

$$\begin{cases} 当n=0时， y(x,n)=0 \\ 当n>0时， y(x,n)=sqrt(x+y(x,n-1)) \end{cases}$$

```
double y (double x , int n)
{
    if(n==0)
        ____①____;
    else
        return(sqrt(x+(____②____)));
}
```

（4）补充下面程序的运行结果，其中k=0，1，2，…，5。

```
#include <iostream>
using namespace std;
void ff(int n)
{
    if(n>0)
    {
        ff(n-2);
        cout<<n<<" ";
        ff(n-1);
    }
}
int main()
{
    int k;
    cout<<"Enter k:";
    cin>>k;
    cout<<"Output:";
    ff(k);
    return 0;
}
```

运行结果：
```
Enter k:0
Output:    ①
Enter k:1
Output:    ②
Enter k:2
Output:    ③
Enter k:3
Output:    ④
Enter k:4
Output:    ⑤
Enter k:5
Output:    ⑥
```

2．编程题

（1）求下列代数式的值，利用嵌套调用实现。

$$\sum_{i=1}^{n} n^n \quad (n \geq 1)$$

（2）有4个人站一排，第4个人比第3个人大2岁，第3个人比第2个人大2岁，第2个人比第1个人大2岁，第1个人今年20岁，问第4个人多少岁？用递归调用实现。

（3）用递归法将一个整数 n 转换成字符串。例如，输入367，应输出字符串"367"。N 的位数不确定，可以是任意位数的整数。

（4）用递归方法求 n 阶勒让德多项式的值，递归公式为

$$P_n(x) = \begin{cases} 1 & (n=0) \\ x & (n=1) \\ ((2n-1)*x*P_{n-1}(x) - (n-1)*P_{n-2}(x))/n & (n>1) \end{cases}$$

四、问题讨论

（1）什么是函数的嵌套调用？嵌套调用时，程序流程如何？

（2）什么是函数的递归调用？在使用递归调用时，对函数的调用次数有何要求？

（3）在什么情况下使用内联函数、函数重载及带默认参数值的函数？

实验十二
作用域和预处理

一、实验目的

（1）掌握函数原型作用域、块作用域和函数作用域的基本概念。
（2）通过实例理解全局变量和局部变量的概念。
（3）掌握变量的各种存储方式，以及在不同存储方式下变量的生存期。
（4）掌握编译预处理的作用和常用的编译预处理命令的使用方法。

二、范例分析

【例12.1】分析下列程序的执行结果，总结块作用域和文件作用域的特点。

源程序：

```cpp
#include <iostream>
using namespace std;
int a,b,c;
int main()
{
    a=b=c=5;
    cout<<a<<"   "<<b<<"   "<<c<<endl;
    {
        int a,b;
        a=b=8;
        c=6;
        cout<<a<<"   "<<b<<"   "<<c<<endl;
    }
    cout<<a<<"   "<<b<<"   "<<c<<endl;
    return 0;
}
```

> **说明：**
>
> 在上述程序中，变量a，b具有两种类型的作用域。在主函数外定义的变量a，b具有文件作用域，而在块内（大括号内）定义的a，b又具有块作用域，最内层的a，b只与内层块的声明有关，而与外层块的声明无关。内层块的a，b隐藏最外层的a，b，因此在最内层修改的不是文件作用域的a，b的值。
>
> 同时，在内层块中，对c进行了重新赋值，由于没有对变量c重新定义，因而该变量在块内仍具有文件作用域，对c值的改变将一直保持到下一次被改变之前。所以，程序中最后一个输出语句中a，b仍为原来的值，而c为改变后的值。

运行结果：
```
5   5   5
8   8   6
5   5   6
```

【例12.2】 编写函数求一元二次方程的实根，在主函数中调用该函数并输出结果。

分析：由于求一元二次方程的实根的函数需要返回两个值，当不使用地址传递或引用传递方式时，可将代表两个实根的变量定义为全局变量。

源程序：

```cpp
#include <iostream>
#include <cmath>
using namespace std;
int root(double,double,double);         //函数原型说明
double x1,x2;                            //x1和x2为全局变量
int main()
{
    double a,b,c;
    cout<<"Enter a,b,c=";
    cin>>a>>b>>c;
    if (root(a,b,c)!=0)
        cout<<"x1="<<x1<<"\tx2="<<x2<<endl;
    else
        cout<<"No real roots! Enter again!\n";
    return 0;
}
int root(double a,double b,double c)    //函数定义
{
    double t;
    t=b*b-4*a*c;
    if (t>=0&&a!=0)
    {
        t=sqrt(t);
        x1=(-b+t)/(2*a);
        x2=(-b-t)/(2*a);
        return 1;
    }
    return 0;
}
```

运行两次该程序，第一次的运行结果为：

```
Enter a,b,c=1 2 3
No real roots! Enter again!
```

第二次的运行结果为：

```
Enter a,b,c=2 5 1
x1=-0.219224    x2=-2.28078
```

【例12.3】 分析下列程序的执行结果，讨论自动变量和静态局部变量的作用域和生命期的特点。

源程序：

```cpp
#include <iostream>
using namespace std;
void f1(int *,int *);
int main()
{
    int i,a,b;
    for(i=0;i<3;i++)
    {
```

```
            f1(&a,&b);
            cout<<a<<"    "<<b<<endl;
    }
    return 0;
}
void f1(int *x,int *y)
{
    int a=5;
    static int b=10;
    a+=10;
    b+=5;
    *x=a;
    *y=b;
}
```

> 说明：
> 在函数f1()中，定义了两个整型变量a和b，a为自动变量，b为静态局部变量。根据所学的知识，自动变量只在定义它们的函数被调用时才创建，在定义它们的函数返回时系统将自动回收变量所占存储空间。而静态局部变量，即使在函数调用结束后，其所占内存空间也不被释放，静态变量仍然保存它的值。因此，在每次调用完函数f1()后，变量a被释放，而变量b却保持已有的值，下次调用函数f1()时，a被重新赋值，b使用原来保存的值。注意：变量b仅在开始运行程序时进行初始化，即只初始化一次，因此每次调用函数时都不再进行赋初值操作。

运行结果为：
15   15
15   20
15   25

【例12.4】给出下列程序的执行结果，分析外部变量是如何定义和说明的。

源程序：
```
#include <iostream>
using namespace std;
void fun1();
int main()
{
    int a=1;                  // a为自动变量
    static int b;             // b为静态局部变量
    extern int c;             // c为外部变量
    cout<<a<<"   "<<b<<"    "<<c<<endl;
    b+=3;
    c=a+b;
    fun1();
    fun1();
    cout<<a<<"   "<<b<<"    "<<c<<endl;
    return 0;
}
int c=5;
void fun1()
{
    int a=7;
    static b=2;
    b+=2;
    c+=a+b;
    cout<<a<<"   "<<b<<"     "<<c<<endl;
}
```

说明：
在该程序中，有三种存储类型：自动类型、静态类型、外部类型。其中，变量c为外部变量，它定义在主函数和函数fun1()之间，当在主函数中访问时，则需要用关键字extern加以说明。

运行结果：
```
1   0   5
7   4   15
7   6   28
1   3   28
```

【例12.5】文件包含和宏定义综合举例。

源程序：
```cpp
// 头文件u.h
#define BEGIN {
#define END }
#define DMAX(x,y)  (x>y? x:y)
//主文件
#include "u.h"
#include <iostream>
using namespace std;
int main( )
BEGIN
    double x=1000.0 , y=200.0;
    long lx=11, ly=21;
    cout<<"d-max= "<<DMAX(x,y)<<endl;
    cout<<"l-max= "<<DMAX(lx,ly)<<endl;
    return 0;
END
```

说明：
头文件中有三个宏定义：前两个为不带参数的宏定义，用一个指定的标识符来代表一个大括号，第三个宏定义为带参数的宏定义。

运行结果：
```
d-max= 1000
l-max= 21
```

【例12.6】条件编译命令的应用。

源程序：
```cpp
#include<iostream>
using namespace std;
#define DEBUG
int main()
{
    int i,sum=0;
    for (i=1;i<=10;i++)
    {
        sum=sum+2;
        #ifdef   DEBUG
        cout<<sum<<" , ";
        #endif
    }
    cout<<endl;
```

```
        cout<<"The sum is "<<sum<<endl;
        return 0;
}
```

运行结果：

```
2 , 4 , 6 , 8 , 10 , 12 , 14 , 16 , 18 , 20 ,
The sum is 20
```

> **说明：**
>
> 　　这是调试程序的一种方法，有些时候人们希望将一些中间变量的值显示出来以供调试。在这种情况下，就可以使用条件编译，定义一个符号，让程序显示中间变量。在调试完毕后，将该符号的定义取消，则程序只显示最终结果，程序如下。要做的工作只是决定是否加上对这个符号的定义。

源程序：

```
#include<iostream>
using namespace std;
int main()
{
    int i,sum=0;
    for (i=1;i<=10;i++)
    {
        sum=sum+2;
        #ifdef DEBUG
        cout<<sum<<" , ";
        #endif
    }
    cout<<"The sum is "<<sum<<endl;
    return 0;
}
```

运行结果：

```
The sum is 20
```

三、实验内容

1. 填空题

（1）如果一函数定义中使用了_____修饰，则该函数不允许在其他文件中调用。

（2）已知double var;是文件F1.CPP中定义的一个全局变量，若文件F2.CPP中的某个函数也需要访问var，则在文件F2.CPP中var应说明为_____。

（3）判断以下的for循环共执行循环体_____次。

```
#include <iostream>
using namespace std;
#define N 2
#define M N+1
#define COUNT ((M)+1) * (M)/2
int main( )
{
    int i,n=0;
    for (i=1;i<=COUNT;i++)
    {
        n++;
        cout<<n<<endl;
    }
    return 0;
}
```

2. 问答题

（1）若有以下宏命令和赋值表达式语句，请问在宏替换后p的值应为多少？

```
#define A 4+6
int main( )
{
    ...
    p=A*A;
    ...
    return 0;
}
```

（2）分析下列程序，说明哪些变量是全局变量、局部变量、静态局部变量；并指出其作用域及函数f()的作用域（用行号标明）；写出程序的输出结果。

```
#include <iostream>
using namespace std;
int n;
int f(int x);
int main()
{
    int a,b;
    a=5;
    b=f(a);
    cout<<"局部a="<<a<<endl<<"局部b="<<b<<endl<<"全局n="<<n<<endl;
    a++;
    b=f(a);
    cout<<"局部a="<<a<<endl<<"局部b="<<b<<endl<<"全局n="<<n<<endl;
    return 0;
}
int f(int x)
{
    int a=1;
    static int b;
    a++;
    b++;
    x++;
    n++;
    cout<<"局部fa="<<a<<endl<<"局部fb="<<b<<endl <<"参数x="<<x<<endl;
    return x;
}
```

（3）写出程序在预编译后程序的形式。

- 文件file1.cpp的内容为：

```
#define PI 3.1415926
double circle(double r)
{
    double area=PI * r * r;
    return(area);
}
```

- 文件file2.cpp的内容为：

```
#include <iostream>
using namespace std;
#include "file1.cpp"
int main()
{
    double r=5.6;
    cout<<"area="<<circle(r)<<endl;
```

```
        return 0;
    }
```
（4）仔细阅读下列程序，并回答问题。
```
//file1.cpp
static int i = 20;
int x;
static int gun(int p)
{
    return (i + p);
}
void fun(int v)
{
    x = gun(v);
}
//file2.cpp
#include <iostream>
using namespace std;
extern int x;
void fun(int);
int main()
{
    int i = 5;
    fun(i);
    cout << x;
    return 0;
}
```
① 程序的运行结果是什么？
② 为什么文件file2.cpp中要包含头文件<iostream>？
③ 在函数main()中是否可以直接调用函数gun()？为什么？
④ 如果把文件file1.cpp中的两个函数定义gun()和fun()的位置互换，程序是否正确？为什么？
⑤ 文件file1.cpp和file2.cpp中的变量i的作用域分别是怎样的？在程序中直接标出两个变量各自的作用域。

（5）输入下述程序，分析运行结果，并回答问题。
```
#include<iostream>
using namespace std;
void add_it(int);
int main()
{
    int i;
    for(i=1;i<=10;i++)
    {
        add_it(i);
    }
    return 0;
}
void add_it(int i)
{
    static int total=0;
    int ans;
    ans=i*2;
    total+=ans;
    cout<<"the total is: "<<total<<endl;
}
```

① 程序的运行结果是什么？
② 变量total为何种存储类型变量，其特点是什么？
③ 若把变量total定义为自动变量，那么这个程序的运行结果是什么？

3. 写出以下程序的运行结果

（1）下面程序的运行结果为_____。

```
#include <iostream>
using namespace std;
int p = 20,q = 50;
int main ( )
{
    int p = 10;
    int r = 30;
    cout << "p=" << p << " q=" << q << endl;
    return 0;
}
```

（2）下面程序的运行结果为_____。

```
#include <iostream>
using namespace std;
int fac(int a);
int main()
{
    int s=0;
    for(int i=1;i<=5;i++)
        s+=fac(i);
    cout<<"5!+4!+3!+2!+1!="<<s<<endl;
    return 0;
}
int fac(int a)
{
    static int b=1;
    b*=a;
    return b;
}
```

（3）下面程序的运行结果为_____。

```
#include <iostream>
using namespace std;
void f(int n)
{
    int x=5;
    static int y=10;
    if(n>0)
    {
        ++x;
        ++y;
        cout<<x<<","<<y<<endl;
    }
}
int main()
{
    int m=1;
    f(m);
    return 0;
}
```

（4）下面程序的运行结果为_____。
```cpp
#include <iostream>
using namespace std;
int add(int a,int b);
int main()
{
    extern int x,y;
    cout<<add(x,y)<<endl;
    return 0;
}
int x=20,y=5;
int add(int a,int b)
{
    int s=a+b;
    return s;
}
```

（5）下列程序的运行结果是_____。
```cpp
#include <iostream>
using namespace std;
int b=2;
int func(int *a)
{
    b += *a;
    return b;
}
int main()
{
    int a=2, res=2;
    res += func(&a);
    cout<<res;
    return 0;
}
```

（6）下面程序的运行结果为_____。
```cpp
#include <iostream>
using namespace std;
#define N 5
void fun();
int main()
{
    for(int i=1;i<N;i++)
        fun();
    return 0;
}
void fun()
{
    static int a;
    int b=2;
    cout<<(a+=3,a+b)<<endl;
}
```

4. 试分析下面程序实现的功能
```cpp
#include <iostream>
using namespace std;
#define ON 1
#define OFF 0
```

```
void Iprint(char *);
int main()
{
    Iprint("Open sestem!\n");
    return 0;
}
void Iprint(char *str)
{
    char c;
    while((c=*str)!='\0')
    {
        str++;
        #ifndef OFF
            if(c>='a'&&c<='z')
                c-='a'-'A';
        #else
            if(c>='a'&&c<='z')
                c='A';
        #endif
        cout << c ;
    }
}
```

5. 编程题

（1）分别用带参的宏和函数，实现从三个数中找出最大数的功能。

（2）输入两个整数，求它们相除的余数，用带参的宏来实现。

（3）用条件编译方法实现以下功能：输入一行电报文字，可以任选某种输出方式：一种为原文输出；另一种将字母变成其下一字母输出（例如，'a' 变成'b' 输出）。用#define命令来控制是选择原文输出还是密码输出。

四、问题讨论

（1）局部变量在何处定义？其作用范围如何？

（2）全局变量在何处定义？其作用范围如何？

（3）若在一个程序中出现局部变量与全局变量同名的情况，它们各自的作用范围如何？

（4）局部变量可分为哪几种存储方式？每种存储方式下其生存期如何？

（5）全局变量可分为哪几种存储方式？每种存储方式下其生存期如何？

（6）带参数的宏定义与函数有何区别？

（7）举例说明条件编译的几种格式。

实验十三 结构体与共用体

一、实验目的

（1）掌握结构体类型的定义，结构体变量的定义、赋值和初始化。
（2）掌握结构体变量成员的访问。
（3）利用结构体变量作为函数参数与返回值。
（4）了解共用体类型的定义、联合体变量的定义。

二、范例分析

【例13.1】已知员工信息包括工号、姓名和出生日期，定义结构体类型employee表示员工信息，定义结构体类型date，包括三个成员year、month和day。定义结构体变量a，输入其信息后，进行输出。

分析：程序说明了结构体的一般使用，包括结构体的定义、输入/输出操作以及对于结构嵌套中的结构成员如何引用。

源程序：

```
#include <iostream>
using namespace std;
struct date                        //定义date结构体类型
{
    int month;
    int day;
    int year;
};
struct employee                    //定义employee结构体类型
{
    int number;                    //工号
    char name[25];                 //姓名
    date birth;                    //出生日期
};
int main()
{
    employee a;                    //定义结构体变量a
    cout<<"No.: ";
    cin>>a.number;                 //输入工号
    cout<<"Name: ";
    cin>>a.name;                   //输入姓名
    cout<<"year: ";
    cin>>a.birth.year;             //输入年
```

```
        cout<<"month: ";
        cin>>a.birth.month;                      //输入月
        cout<<"day: ";
        cin>>a.birth.day;                        //输入日
        cout<<"No.\tName\tDateOfBirth"<<endl;    //输出信息
        cout<<a.number<<"\t"<<a.name<<"\t";
        cout<<a.birth.year<<"-"<<a.birth.month<<"-"<<a.birth.day<<endl;
        return 0;
}
```

运行结果:
```
No.:189001
Name: John
year: 1987
month: 10
day: 27
No.      Name     DateOfBirth
189001   John     1987-10-27
```

【例13.2】定义结构体类型point，其中包含两个double成员x和y，表示一个点的x轴和y轴的坐标。编写函数计算两个点之间的距离，在主函数中调用该函数，并输出结果。

分析：首先定义结构体类型point，包含两个数据成员，x表示该点在x轴的坐标，y表示该点在y轴的坐标。计算两个点之间距离的函数需要两个形参，形参的类型均为结构体类型point。当结构体变量作函数的参数时，参数传递过程具有值传递的特征。

源程序：
```
#include <iostream>
#include <cmath>
using namespace std;
struct point                                    //定义结构体类型point
{
    double x;
    double y;
};
double distance(point, point);                  //函数原型声明
int main()
{
    point a, b;
    cout<<"Enter point1: ";
    cin>>a.x>>a.y;                              //输入第一个点的坐标
    cout<<"Enter point2: ";
    cin>>b.x>>b.y;                              //输入第二个点的坐标
    double d = distance(a, b);                  //调用函数
    cout<<"Distance = "<<d<<endl;
    return 0;
}
double distance(point a, point b)               //计算两点之间的距离
{
    double dx = a.x - b.x;
    double dy = a.y - b.y;
    return sqrt(dx * dx + dy * dy);
}
```

运行结果:
```
Enter point1: 1 1
Enter point2: 4 5
Distance = 5
```

【例13.3】 中国有句俗语为"三天打鱼两天晒网"。某人从2000年1月1日起开始"三天打鱼两天晒网"。编写程序，问这个人在以后的某一天是在"打鱼"，还是在"晒网"。

源程序：

```cpp
#include <iostream>
using namespace std;
struct date                                    //定义date结构体类型
{
    int year;
    int month;
    int day;
};
int days(date day);
int main()
{
    date today, term;                          //定义结构体变量
    int yeardays = 0, day;
    cout<< "Enter year/month/day: ";
    cin>>today.year>>today.month>>today.day;
    term.month = 12;
    term.day = 31;
    for(term.year = 2000; term.year < today.year; term.year++)
        yeardays+=days(term);                  // term为实参调用函数累计当年之前的总天数
    yeardays+=days(today);                     // today为实参调用函数累计当年的天数
    day=yeardays%5;
    if (day>0&&day<4)
        cout<<"他在打鱼"<<endl;
    else
        cout<<"他在休息"<<endl;
    return 0;
}
// 计算从年初到day时的天数
int days(date day)                             //形式参数为结构型
{
    int day_tab[2][13]=
    { {0,31,28,31,30,31,30,31,31,30,31,30,31}, //平年每月天数
      {0,31,29,31,30,31,30,31,31,30,31,30,31}}; //闰年每月天数
    int i, flag;                               //flag用于判断是否闰年的标记
    flag = day.year%4==0&&day.year%100!=0||day.year%400==0;  //flag为1表示为闰年
    for (i=1;i<day.month;i++)
        day.day+=day_tab[flag][i];
    return(day.day);                           //返回累计天数
}
```

运行结果：

请输入年/月/日：2002 1 4
他在休息

说明：

程序中定义了date结构类型，包括三个成员。在主函数中调用days()函数时，使用date型结构体变量term作为实参，与之对应的days()函数的形参day也是date型的结构体变量。函数调用时将实参变量term中的成员分别传递给形参变量day所对应的成员。由于程序中函数间传递结构是值传递，所以在days()函数中修改day.day成员的值不会影响到主调函数中term.day的值。

实验十三 结构体与共用体

三、实验内容

1. 选择题

（1）定义一个结构体变量时系统分配给它的内存是_____。

    A．各成员所需内存空间的总和

    B．结构体中第一个成员所需内存空间

    C．成员中占内存空间最大者所需的内容空间

    D．结构体中最后一个成员所需内存空间

（2）定义一个共用体变量时系统分配给它的内存是_____。

    A．各成员所需内存空间的总和

    B．共用体中第一个成员所需内存空间

    C．成员中占内存空间最大者所需的内存空间

    D．共用体中最后一个成员所需内存空间

（3）若有以下说明语句：

```
struct
{
    int a;
    double b;
}stu;
```

则下面的叙述错误的是_____。

    A．struct是定义结构体类型的关键字   B．stu 是用户定义的结构体类型

    C．stu是用户定义的结构体变量   D．a和b都是结构体成员名

（4）若有以下说明语句：

```
struct complex
{
    int r, i;
}a={1,2}, b;
```

则下列语句中不正确的是：_____。

    A．b=a;   B．b={2,3};   C．b.r= a.r;   D．b.i = a.r;

2. 问答题

（1）指出下面程序中的错误，并改正。

```cpp
#include <iostream>
using namespace std;
int main( )
{
    struct
    {
        int number;
        char name [20];
        int age;
    }stu;
    stu={101,"Li fun",18};
    cout<<stu<<endl;
    return 0;
}
```

（2）分析下面的程序并回答问题。

```cpp
#include <iostream>
using namespace std;
struct mystruct
```

```
    {
        int a,b;
    };
    void fun(mystruct);
    int main()
    {
        mystruct s;
        s.a=100;
        fun(s);
        cout<<"调用后的值:"<<endl;
        cout<<s.a<<endl;
        return 0;
    }
    void fun(mystruct t)
    {
        t.a++;
        cout<<"在被调用函数中的值:"<<endl;
        cout<<t.a<<endl;
    }
```

① 给出程序的运行结果。

② 从运行结果中分析结构体变量作为函数参数时有何特点。

3. 阅读下列程序，分析运行结果

（1）下面程序的运行结果为_____。

```
#include <iostream>
using namespace std;
int main()
{
    struct s1
    {
        char c[4],*s;
    }t1={"abc","def"};
    struct s2
    {
        char *p;
        struct s1 ss1;
    }t2={"ghi",{"jkl","mno"}};
    cout<<t1.c[0]<<*t1.s<<endl;
    cout<<t1.c<<t1.s<<endl;
    cout<<t2.p<<t2.ss1.s<<endl;
    cout<<++t2.p<<++t2.ss1.s<<endl;
    return 0;
}
```

（2）下面程序的运行结果为_____。

```
#include <iostream>
using namespace std;
struct data
{
    int a;
    char *b;
}s;
void fun (struct data x);
int main()
{
    s.a=2;
    s.b="+-*/";
```

```
        fun(s);
        cout<<s.a<<s.b<<endl;
        return 0;
    }
    void fun (struct data x)
    {
        x.a=5;
        x.b="abcd";
        cout<<x.a<<x.b<<endl;
    }
```

(3)下面程序的运行结果为_____。
```
    #include <iostream>
    using namespace std;
    union udata
    {
        int i;
        char ch;
    }t;
    int main()
    {
        t.i=76;
        cout<<t.i<<"   "<<t.ch<<endl;
        return 0;
    }
```

(4)下面程序的运行结果为_____。
```
    #include <iostream>
    using namespace std;
    int main()
    {
        struct
        {
            int a;
            char *b;
        }w[2]={{1,"ij"},{3,"kl"}},*p=w;
        cout<<*p->b<<endl;
        cout<<*(++p)->b<<endl;
        return 0;
    }
```

(5)下面程序的运行结果为_____。
```
    #include <iostream>
    using namespace std;
    struct student
    {
        int num;
        char name[20];
        int age;
    };
    void fun(student * );
    int main()
    {
        student stud[3]={{101,"Li",18},{102,"Wang",19},{103,"Zhang",21}};
        fun(stud+2);
        return 0;
    }
    void fun(student * p )
```

```
        {
            cout<<(*p).name<<endl;
        }
```
（6）下面程序的运行结果为_____。
```
#include <iostream>
using namespace std;
struct house
{
    double sqft;
    int rooms;
    int stories;
    char *address;
};
int main()
{
    house fruzt={1560.0,6,1,"22 Spiffo Road"};
    house *sign;
    sign=&fruzt;
    cout<<fruzt.rooms<<"    "<<sign->stories<<endl;
    cout<<fruzt.address<<endl;
    cout<<sign->address[3]<<fruzt.address[4]<<endl;
    return 0;
}
```

4. 编程题

（1）定义复数结构体类型，其中包含两个double成员，代表实部和虚部。编写两个函数分别计算两个复数的和与差。在主函数中输入两个复数，调用该函数，并输出结果。

（2）定义日期结构体类型，包含三个整型成员year、month、day，分别表示年、月、日。编写程序，输入一个日期，计算该日期是这一年的第几天。

（3）修改上题，编写函数，实现一个日期是这一年中的第几天。在主函数中输入一个日期，调用函数，进行输出。

四、问题讨论

（1）如何定义结构体变量？结构体变量与结构体类型有何关系？

（2）定义结构体类型时对其成员的类型是否有所限制？结构体变量能否作为结构体成员？

（3）举例说明如何访问程序中结构体变量的成员。

（4）结构体变量作为实参传递给被调用函数后，若在被调函数中相应的形参被改变，这种变化能否影响实参？

实验十四 结构体数组和结构体指针变量

一、实验目的

（1）掌握结构体数组的定义和使用。
（2）掌握结构体指针的定义以及作为函数参数时的应用。
（3）了解单向链表的创建，结点的插入与删除等基本操作。

二、范例分析

【例14.1】 定义结构体类型month，包括两个成员，number_of_days表示该月的天数，name表示该月份的英文名称（仅用3个字母表示）。定义结构体数组并进行初始化，而后进行输出。

源程序：
```
#include <iostream>
using namespace std;
struct month                          //定义结构体类型
{
    int number_of_days;               //天数
    char name[4];                     //英文名称
};
int main()
{
    int i;
    month months[12]={{31, "Jan"},  {28, "Feb"},{31, "Mar"},{30, "Apr"},
                {31, "May"},{30, "Jun"},{31, "Jul"},{31, "Aug"},
                {30, "Sep"},{31, "Oct"},{30, "Nov"},{31, "Dec"}};//结构体数组初始化
    cout<<"Days of month\n"<<endl;
    for(i=0;i<12;i++)
        cout<<months[i].name<<"\t"<<months[i].number_of_days<<endl;
    return 0;
}
```

运行结果：
```
Days of month
Jan 31
Feb 28
Mar 31
Apr 30
May 31
Jun 30
```

```
Jul 31
Aug 31
Sep 30
Oct 31
Nov 30
Dec 31
```

【例14.2】 编写程序，将N名学生的成绩由高到低排序并输出，学生信息包括姓名、性别和成绩。假定N为3。

分析：定义结构体类型student，包含三个成员name、sex、score，分别表示学生的姓名、性别和成绩。程序中采用冒泡法按学生成绩排序。

源程序：

```cpp
#include <iostream>
using namespace std;
const int N = 3;                                    //为程序便于调试，先取3名学生。
struct student                                      //结构体类型定义
{
    char name[10];
    char sex;
    int score;
};
student  stu[N];
int main()
{
    student t;
    cout<<"name\tsex\tscore\n";
    for(int i=0;i<N;i++)
        cin>>stu[i].name>>stu[i].sex>>stu[i].score;
    for(i=0;i<N-1;i++)                              //冒泡法排序
    {
        for(int j=0;j<N-1-i;j++)
        {
            if(stu[j].score<stu[j+1].score)
            {
                t= stu[j];
                stu[j]= stu[j+1];
                stu[j+1]=t;
            }
        }
    }
    cout<<"after sorted\nname\tsex\tscore\n";
    for(i=0;i<N;i++)
        cout<< stu[i].name<<"\t"<< stu[i].sex<<"\t"<< stu[i].score<<endl;
    return 0;
}
```

运行结果：

```
name       sex      score
zhang      m        75
guan       f        98
li         m        85
after sorted
name       sex      score
guan       f        98
li         m        85
zhang      m        75
```

实验十四 结构体数组和结构体指针变量

【例14.3】有N种商品，已知每种商品的信息包括商品代码（int型）、单价（double型）和数量（int型）。编写函数按照商品代码查找某种商品。在主函数中调用该函数，并输出查找结果。假定N为3。

分析：定义结构体类型Product，其中包含三个数据成员，分别表示商品代码、单价和数量。定义结构体数组表示多种商品，因此使用数组名作为函数参数，形参使用结构体指针变量。本例中采用顺序查找法进行某种商品的查找。

源程序：

```
#include <iostream>
using namespace std;
const int N=3;
struct Product
{
    int code;
    double price;
    double amount;
};
int search(Product *p,int c);
int main()
{
    Product a[N];
    cout<<"Enter products information:\n";
    for(int i=0;i<N;i++)
        cin>>a[i].code>>a[i].price>> a[i].amount;
    int code;                          //code为要查找的商品代码
    cout<<"Enter the code:";
    cin>>code;
    int f = search(a,code);
    if(f == -1)
        cout<<"Can not find this product!\n";
    else
        cout<<a[f]. code<<"\t"<< a[f].price <<"\t"<< a[f].amount<<endl;
    return 0;
}
int search(Product *p,int c)
{
    for(int i=0;i<N;i++)
        if( (p+i)->code==c)
            return i;
    return -1;
}
```

运行结果：

```
Enter products information:
1111    123.5   100
2222    45.9    200
3333    238.2   150
Enter the code:1111
1111    123.5   100
```

【例14.4】链表的插入与删除操作。

分析：在主教材中，我们已介绍过利用结构体指针变量建立链表的过程，现在为程序添加两个函数来实现结点的插入和删除。已知链表结点的结构类型为：

```
struct student            //定义结构体类型
{
    int studentID;        //学号
    double score;         //成绩
```

```
    student *next;                    //结构体指针变量
};
```
其中，next为一个student类型的结构体指针变量，它指向下一个结点。

（1）链表删除操作。

分析：从已知链表中删除一个结点，就是将该结点从链表中分离出来，使其不再与其他结点存在链接关系。这时要考虑两种情况：

① 如果删除的结点为头结点，那么只需将该结点的next成员的值赋给头指针，这时头指针指向原来的第二个结点。

② 如果要删除的不是头结点（假设删除第n个结点），则应将第n+1个结点的地址值（存放在第n个结点的next中）赋给第n–1个结点的结构体指针变量next，使得第n–1个结点的指针指向第n+1个结点，于是要删除的结点（第n个结点）从链表中分离出来。

下面的函数将删除结点成员studentID的值为num的结点。

源程序：

```
student *del(student *head, int num)
{
    student *p1;                              //指向要删除的结点
    student *p2;                              //指向p1的前一个结点
    if (head==NULL)                           //空表
    {
        cout<<"List is NULL\n";
        return head;
    }
    p1=head;
    while(num!=p1-> studentID &&p1->next!=NULL)  // 查找要删除的结点
    {
        p2=p1;
        p1=p1->next;
    }
    if(num==p1-> studentID)                   //找到该结点
    {
        if(p1==head)                          //要删除的是头结点
            head=p1->next;
        else                                  //要删除的不是头结点
            p2->next=p1->next;
        delete(p1);                           //释放被删除结点所占的内存空间
        cout<<"delete: "<< num<<endl;
    }
    else                                      //在表中未找到要删除的结点
        cout<<" not found "<<endl;
    return head; //返回表头
}
```

（2）链表插入操作。

分析：将一个结点插入到已知链表中，要求已知链表要按插入的关键字进行由小到大的顺序排列，并且给出要插入的关键字所对应的值，与链表中各结点的关键字值进行比较，将它插入到适当位置。这时要考虑三种情况：

① 如果插入位置在第一个结点之前，则将待插入结点的地址值赋给头指针，而将原来第一个结点的地址值赋给插入结点的结构体指针变量next。

② 如果插入位置是在表尾处，则将待插入结点的地址值赋给表尾结点的结构体指针变量next，而将NULL赋给插入结点的结构体指针变量next。

③ 如果插入位置不是上述两种情况，则将待插入结点的地址值赋给该插入位置的前一个结点的结构体

指针变量next，使前一个结点指向该插入结点，并将该插入结点位置的后一个结点的地址值赋给该插入结点的指针next，使插入的结点指向它后面的结点。

在下面程序中，链表已按成员studentID由小到大的顺序排列，并且指定了待插入结点t的成员studentID的值。

源程序：

```
student * insert(student *head, student *t)
{
    student *p0;                                        // 待插入结点
    student *p1;                                        // p0插入p1之前、p2之后
    student *p2;
    p1=head;
    p0=t;
    if(head==NULL)                                      // 原链表是空表
    {
        head=p0;
        p0->next=NULL;
    }
    else
    {
        while((p0->studentID>p1->studentID)&&(p1->next!= NULL))  //查找待插入位置
        {
            p2=p1;
            p1=p1->next;
        }
        if(p0->studentID<=p1->studentID)
            //从链表中找到一个比插入的studentID大的结点
        {
            if(p1==head)                                //要插入的位置在表头
            {
                head=p0;
                p0->next=p1;
            }
            else                                        //要插入的位置不是表头
            {
                p2->next=p0;
                p0->next=p1;
            }
        }
        else                                            //插入表尾结点之后
        {
            p1->next=p0;
            p0->next=NULL;
        }
    }
    return head;
}
```

三、实验内容

1. 选择题

（1）下列说法错误的是：_____。

  A．枚举类型中的枚举元素都是常量

  B．枚举类型中的枚举元素的值都是从0开始，以1为步长递增

  C．一个整数不能直接赋给一个枚举变量

D. typedef可以用来定义一个新的数据类型名

（2）若有以下说明语句：
```
typedef struct
{
    char name[10];
    int age;
}STUDENT;
```
则下面叙述中正确的是：_____。

A. STUDENT是结构体变量名   B. STUDENT是结构体类型名
C. typedef struct是结构体类型   D. struct是结构体类型名

（3）有以下程序：
```
#include <iostream>
using namespace std;
struct STU
{
    int number;
    double score;
};
void fun(STU *p)
{
    STU t;
    if(p[0].score<p[1].score)
    {
        t=p[0];
        p[0]=p[1];
        p[1]=t;
    }
}
int main()
{
    STU stud[2]={9201,81.5,9205,94};
    fun(stud);
    cout<<stud[0].number;
    return 0;
}
```
执行后的输出结果是：_____。

A. 9201   B. 81.5   C. 9205   D. 94

（4）若有以下定义：
```
struct NODE
{
    int data;
    NODE *next;
}*p,*q,*r;
```
且变量p、q已有如图所示的链表结构，则能够将r指向的结点插入到p和q之间并形成新的链表的语句组是：_____。

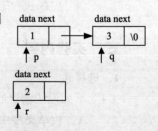

A. r=p->next; q=r->next;
B. p.next=r; r.next=p.next;
C. (*p).next=r; r->next=q;
D. (*p).next=q; (*r).next=(*p).next;

2. 填空题

（1）下列程序的功能为输出三个学生的姓名，请将程序补充完整。

```
#include <iostream>
using namespace std;
struct student
{
    int num;
    char name[20];
    int age;
};
int main()
{
    student *p;
    student stud[3]={{101,"Li",18},{102,"Wang",19},
                    {103,"Zhang",21}};
    for ( _____①_____;p<stud+3;p++)
        cout<<_____②_____<<endl;
    return 0;
}
```

（2）下面的程序功能为输入5个人的年龄、性别和姓名，然后输出。

```
#include <iostream>
using namespace std;
struct man
{
    char name[20];
    unsigned age;
    char sex[7];
};
void data_in(man * p, int n);
void data_out(man *p, int n);
int main()
{
    man person[5];
    data_in(person,5);
    data_out(person,5);
    return 0;
}
void data_in(man * p, int n)
{
    man * q=_____①_____;
    cout<<"age:    sex:    name"<<endl;
    for(;p<q;p++)
    {
        cin>>p->age>>p->sex;
        _____②_____;
    }
}
void data_out(man *p, int n)
{
    for(int i=1;i<=n;i++)
    {
        cout<<p->name<<"    "<<p->age<<"    "<<p->sex<<endl;
        _____③_____;
    }
}
```

（3）下面程序的功能为对候选人得票的统计程序。设有三个候选人，每次输入一个得票的候选人的名字，要求最后输出各候选人得票结果。

```cpp
#include <iostream>
#include <string>
using namespace std;
struct person                           //候选人信息结构体
{
    char name[20];                      //姓名
    int count;                          //得票数
}leader[3]={"Li",0,"Zhang",0,"Fun",0};
int main()
{
    int i,j;
    char leader_name[20];
    for(i=1;i<=10;i++)                  //设有10个人参加投票
    {
        cin>>_____①_____;             //输入得票人姓名
        for (j=0;j<3;j++)                //得票人姓名与3个候选人姓名比较
            if(strcmp(leader_name, leader[j].name)==0)
                _____②_____ ;
    }
    cout<<endl;
    for(i=0;i<3;i++)                    //输出3个候选人的姓名和得票数
        cout<<_____③_____<<leader[i].count<<endl;
    return 0;
}
```

（4）将一个班学生的学号和一门课的成绩定义为结构体类型，按成绩由高到低对N（定义为30）名学生排序，输出结果，同时输出平均成绩。

```cpp
#include <iostream>
using namespace std;
const int N=30;                         //N为全班同学人数
struct stuinf                           //定义结构体类型
{
    int num;                            //学生学号
    int score;                          //学生成绩
}stu[N];                                //stu为结构体数组
int main()
{
    stuinf_____①_____,*p[N];
    int i,j,k,sum=0;
    for(i=0;i<=_____②_____;i++)
    {
        cin>>stu[i].num>>stu[i].score;  //输入学生的学号和成绩
        p[i]=_____③_____ ;
        sum+=stu[i].score;              //累计学生的分数
    }
    for (i=0;i<=_____④_____;i++)      //选择法排序
    {
        k=i;
        for (j=i+1;j<=_____⑤_____;j++)
            if (p[k]->score<p[j]->score)
                _____⑥_____ ;
        if(k_____⑦_____)
        {
            ptemp=p[i];
            p[i]=p[k];
            p[k]=ptemp;
        }
```

}
        //输出排序后的数据
        for(i=0;i<=N-1;i++)
            cout<< p[i]->num<<p[i]____⑧____score<<endl;
        cout<<"average score="<<____⑨____<<endl;   //输出平均成绩
        return 0;
}
```

3. 阅读下列程序，分析运行结果

（1）下列程序的运行结果为_____。
```
#include <iostream>
using namespace std;
int main()
{
    struct   Num
    {
        int x; int y;
    }sa[]={{2,32},{8,16},{4,48}};
    Num *p=sa+1;
    int x;
    x=p->y/sa[0].x*++p->x;
    cout<<x<<' '<<p->x<<endl;
    return 0;
}
```

（2）下列程序的运行结果为_____。
```
#include <iostream>
using namespace std;
struct s1
{
    char *s;
    s1 *ps;
};
int main()
{
    s1 a[3]={{"abcd",a+1},{"efgh",a+2},{"ijkl",a}};
    s1 *p=a;
    cout<<++p->s<<endl;
    cout<<(*++p).ps->s<<endl;
    cout<<(*++p).ps->s+1<<endl;
    cout<<p[-1].s<<endl;
    return 0;
}
```

4. 编程题

（1）编写程序用来统计学生成绩。它的功能包括输入学生的姓名和成绩，按成绩从高到低排列打印输出，对前70%的学生定为合格（PASS），而后30%的学生定为不及格（FAIL）。

（2）已知某班有N名学生（N不超过30），学生信息记录包括学号、姓名和三门课的成绩。输入学生的信息，并完成以下要求：

- 计算每名学生三门课程的平均成绩。
- 计算各门课程的平均成绩。
- 按照学生的平均成绩降序排序，排出名次表。
- 输入学号，输出该学生的信息。
- 输入姓名，输出该学生的信息。
```

- 输出三门课程成绩最高的学生信息。

(3) 编写函数，将一个结点插入到链表中。

四、问题讨论

(1) 举例说明如何定义和使用结构体数组？

(2) 说明结构体数组初始化时应注意哪些问题？

(3) 结构体指针变量的自增和自减运算分别代表什么意思？

(4) 可用哪几种方法将一个结构变量的值传递给另一个函数？

(5) 链表是怎样的一种数据结构？简述建立一个链表的基本方法。

(6) 在链表的插入和删除过程中，结构体指针变量是如何操作的？

实验十五 类与对象

一、实验目的

（1）掌握C++中类定义的方法，并通过类的定义体会面向对象方法的封装概念。
（2）学习理解构造函数、析构函数和拷贝构造函数的特点及定义方法。
（3）掌握对象的创建和对象指针、对象引用的使用及成员的访问。
（4）学习理解this指针、静态成员、对象成员和对象数组的概念和使用。

二、范例分析

【例15.1】定义圆的类CCircle，实现求面积和周长的功能。
源程序：

```
#include <iostream>
using namespace std;
#define PI 3.1415926
class CCircle
{
public:
    CCircle(double rr=10);          //构造函数
    void Setr(double rr);           //设置半径
    double Getr();                  //读取半径
    double circumference();         //计算周长
    double area();                  //计算面积
private:
    double r;                       //圆的半径
};
CCircle::CCircle(double rr)         //构造函数
{   r=rr;   }
void CCircle::Setr(double rr)       //设置半径
{   r=rr;   }
double CCircle::Getr()              //读取半径
{   return r;       }
double CCircle::circumference()     //计算周长
{   return r*2*PI;      }
double CCircle::area()              //计算面积
{   return r*r*PI;      }
int main()
{
    CCircle c(5);
    cout<<"Radius is "<<c.Getr()<<endl;
    cout<<"Circumference is "<<c.circumference()<<endl;
    cout<<"Area is "<<c.area()<<endl;
```

```
            return 0;
}
```
运行结果：
```
Radius is 5
Circumference is 31.4159
Area is 78.5398
```

【例15.2】猜四位整数游戏。由程序产生一个四位随机整数，其中没有重复的数字，由用户猜出这个四位整数。根据用户每次输入的四位整数，判断出猜出的相同数字的个数和相同位置的个数，直到猜对。

分析：定义一个CFournum类，其数据成员是长度为4的整型数组，每个数组元素存放四位整数中的每位数字。

源程序：

前面我们将定义的类及主函数都放在了一个源文件中，实际上，类定义的声明部分和实现部分通常分别放在头文件和源程序文件中，下面按照多文件方式完成本程序的编制。

（1）首先使用AppWizard创建基于控制台的应用程序（Win32 Console Application）项目four。

（2）然后向项目中添加头文件fournum.h，输入该文件的代码，是CFournum类定义的声明部分，包含1个整型数组作为数据成员，还包含构造函数在内的6个成员函数：

```cpp
class CFournum
{
public:
    CFournum(int n=0);              //构造函数
    void create();                  //产生四位随机整数，无重复数字
    int issame();                   //判断是否有重复数字
    int samepos(CFournum b);        //比较与参数中相同位置的数字个数
    int samenum(CFournum b);        //比较与参数中相同的数字个数
    int getnum();                   //获得四位整数
private:
    int a[4];                       //整型数组，每个数组元素存放四位整数中的每位上的数字
};
```

（3）再向项目中添加源文件fournum.cpp，输入该文件的代码，是CFournum类定义的实现部分，是该类所在成员函数的定义：

```cpp
#include <cstdlib>
#include <ctime>
#include "fournum.h"
using namespace std;
CFournum::CFournum(int n)           //构造函数，将n的每位数字存入成员数组中
{
    for (int i=0;i<4;i++)
    {
        a[i]=n%10;
        n=n/10;
    }
}
void CFournum::create()             //产生无重复数字的四位随机整数
{
    srand(time(NULL));
    do
    {
        for(int i=0;i<4;i++)
            a[i]=rand()%10;
        if(a[3]==0)
            a[3]=1;
    }while(issame());
```

```cpp
}
int CFournum::issame()                //判断是否有重复数字：无返回0，有返回1
{
    for (int i=0;i<4;i++)
        for (int j=i+1;j<4;j++)
            if (a[i]==a[j])
                return 1;             //发现重复数字，返回1
    return 0;                         //没发现重复数字，返回0
}
int CFournum::samepos(CFournum b)    //比较与参数中相同位置的数字个数
{
    for (int i=0,c=0;i<4;i++)
        if (a[i]==b.a[i])
            c++;
    return c;
}
int CFournum::samenum(CFournum b)    //比较与参数中相同的数字个数
{
    for (int i=0,c=0;i<4;i++)
        for (int j=0;j<4;j++)
            if (a[i]==b.a[j])
            {
                c++;
                break;
            }
    return c;
}
int CFournum::getnum()                //获得四位整数
{
    int s=0;
    for (int i=3;i>=0;i--)
        s=s*10+a[i];
    return s;
}
```

（4）最后再向项目中添加源文件four.cpp存放主函数，输入该文件的代码：

```cpp
#include <iostream>
#include "fournum.h"
using namespace std;
int main()
{
    CFournum a;
    a.create();
    int b,cp,cn,i=1;
    do
    {
        cout<<"input No."<<i++<<" number: ";
        cin>>b;
        CFournum c(b);
        cp=a.samepos(c);
        cn=a.samenum(c);
        cout<<"有"<<cp<<"个相同位置, "<<cn<<"个相同数字\n";
    }
    while (!(cp==4&&cn==4));
    return 0;
}
```

运行结果：

```
input No.1 number: 1234
有0个相同位置，0个相同数字
input No.2 number: 5678
有0个相同位置，3个相同数字
input No.3 number: 9687
有1个相同位置，3个相同数字
input No.4 number: 7680
有2个相同位置，2个相同数字
input No.5 number: 9685
有2个相同位置，3个相同数字
input No.6 number: 9785
有2个相同位置，4个相同数字
input No.7 number: 7985
有4个相同位置，4个相同数字
```

【例15.3】Josephus问题：n个小孩围成一圈，从某个小孩开始，顺时针方向从1开始数小孩，每数到第interval个小孩时，该小孩便离开圈子。再从1开始数小孩，这样小孩不断离开，圈子不断缩小，最后剩下的小孩是胜利者，求胜利者是哪个小孩？

源程序：

（1）使用AppWizard创建基于控制台的应用程序项目Josephus。

（2）建立jose.h文件，存放CJose类定义的声明部分：

```cpp
class CJose
{
public:
    CJose(int num);                 //构造函数
    CJose(CJose &j);                //拷贝构造函数
    ~CJose();                       //析构函数
    int GetWinner(int,int);         //得到获胜者
private:
    int *boys;                      //存放小孩序号的数组的首地址
    int boysnum;                    //小孩的个数
};
```

（3）建立jose.cpp文件，存放CJose类定义的实现部分：

```cpp
#include <iostream>
#include "jose.h "
using namespace std;
CJose::CJose(int num)               //构造函数
{
    boysnum=num;                    //小孩的个数
    boys=new int [boysnum];
    for (int i=0;i<boysnum;i++)     //数组中存放每个小孩的序号
        boys[i]=i+1;
}
CJose::CJose(CJose &j)              //拷贝构造函数
{
    boysnum=j.boysnum;
    boys=new int [boysnum];
    for (int i=0;i<boysnum;i++)
        boys[i]=j.boys[i];
}
CJose::~CJose()                     //析构函数
{
    delete []boys;
```

```cpp
}
int CJose::GetWinner(int beginpos,int interval)
                                              //得到获胜者，参数为起始位置和数数的间隔
{
    int m=0,k=0,*p=boys+beginpos-1;           //m中为离开的小孩数，k为数小孩的数目
    cout<<"The remove boys are:\t";
    while(m<boysnum-1)                        //退出人数m小于（原来人数-1）时处理
    {
        for(;p<boys+boysnum;p++)
            if(*p!=0)                         //判断该小孩是否已离开
            {
                k++;                          //没离开则数数
                if (k==interval)
                {
                    k=0;
                    cout<<*p<<" ";            //输出离开的小孩的编号
                    *p=0;                     //标识小孩已离开
                    m++;                      //离开小孩的数目加1
                }
            }
        p=boys;                               //从第1个数组元素boys[0]开始
    }
    cout<<endl;
    for (p=boys;*p==0;p++) ;
    return *p;                                //返回胜利者
}
```

（4）建立源文件Josephus.cpp存放主函数：

```cpp
#include<iostream>
#include "jose.h "
using namespace std;
int main()
{
    int num,begin,m;
    cout<<"输入小孩个数、开始位置及数数间隔：\n";
    cin>>num>>begin>>m;
    if (num<2)
    {
        cerr<<"小孩数错误\n";
        return -1;
    }
    if (begin<0)
    {
        cerr<<"开始位置错误\n";
        return -1;
    }
    if (m<1||m>num)
    {
        cerr<<"数数间隔错误\n";
        return -1;
    }
    CJose a(num);
    cout<<"The Winner is "<<a.GetWinner(begin,m)<<endl;
    return 0;
}
```

第1次运行结果：
输入小孩个数、开始位置及数数间隔：
10 3 6
The remove boys are: 8 4 1 9 7 10 3 2 6
The Winner is 5

第2次运行结果：
输入小孩个数、开始位置及数数间隔：
30 6 9
The remove boys are: 14 23 2 11 21 1 12 24 5 17 29 13 27 10 28 16 4 22 15 7 3 30 6 9 20 18 19 8 25
The Winner is 26

【例15.4】 用类描述一个线性链表，用于存储若干学生的姓名。

分析：利用静态数据成员point指示最近创建的对象，每个对象的next成员指向前一个创建的对象，形成一个链表。

源程序：

（1）使用AppWizard创建基于控制台的应用程序项目student。

（2）向项目中添加头文件studentlink.h，输入该文件的代码，存放的是CStudentLink类定义的声明部分：

```cpp
class CStudentLink
{
public:
    CStudentLink(char *name);           //构造函数
    ~CStudentLink();                    //析构函数
    static void show();                 //显示
    static CStudentLink *point;
private:
    char name[30];
    CStudentLink *next;
};
```

（3）再向项目中添加源文件studentlink.cpp，输入该文件的代码，是CStudentLink类定义的实现部分，是该类所在成员函数的定义：

```cpp
#include <iostream>
#include <string>
#include "studentlink.h"
using namespace std;
CStudentLink::CStudentLink(char *name)       //构造函数
{
    cout<<"构造: "<<name<<endl;
    strcpy(this->name,name);
    next=point;
    point=this;                              //point指向刚创建的对象
}
CStudentLink::~CStudentLink()                //析构过程就是结点的脱离过程
{
    cout<<"析构: "<<name<<endl;
    if(point==this)                          //析构的是point所指对象
    {
        point=this->next;                    //从链表中去掉
        return;
    }
    for(CStudentLink *ps=point;ps;ps=ps->next)  //查找要析构的对象
    {
```

```
            if(ps->next==this)                  //找到
            {
                ps->next=next;                  //从链表中去掉,也可以写成ps->next=this->next;
                return;
            }
        }
    }
}
void CStudentLink::show()                        //显示
{
    cout<<"The LinkList (\t";
    for(CStudentLink *ps=point;ps;ps=ps->next)
        cout<<ps->name<<'\t';
    cout<<") The End\n";
}
```

（4）最后再向项目中添加源文件student.cpp存放主函数，输入该文件的代码：

```
#include <iostream>
#include "studentlink.h"
using namespace std;
CStudentLink* CStudentLink::point=NULL;
int main()
{
    CStudentLink *c = new CStudentLink("marry");
    CStudentLink a("colin");
    CStudentLink b("jamesji");
    CStudentLink::show();
    delete c;
    CStudentLink::show();
    return 0;
}
```

运行结果：

构造：marry
构造：colin
构造：jamesji
The LinkList (jamesji colin   marry   ) The End
析构：marry
The LinkList (jamesji colin   ) The End
析构：jamesji
析构：colin

三、实验内容

1. 写出下列程序的输出结果

```
#include <iostream>
using namespace std;
class CMyClass
{
public:
    CMyClass();
    CMyClass(int);
    ~CMyClass();
    void Display();
protected:
    int number;
};
CMyClass::CMyClass()
```

```
{
    cout<<"Constructing normally\n";
}
CMyClass::CMyClass(int m)
{
    number = m;
    cout<<"Constructing with a number:"<<number<<endl;
}
void CMyClass::Display()
{
    cout<<"Display a number:"<<number<<endl;
}
CMyClass::~CMyClass()
{
    cout<<"Destructing\n";
}
int main()
{
    CMyClass obj1;
    CMyClass obj2(10);
    obj2.Display();
    return 0;
}
```

2. 编程题

（1）定义一个复数类，数据成员为实部和虚部，具有设置值、读取值和输出功能。

（2）定义一个矩形类，数据成员为对角线两点的坐标：x1，y1，x2，y2均为整型。具有的功能是求周长、面积，还包含构造函数、设置值及读取值的成员函数。主函数中输入矩形对角线两点的坐标，输出周长和面积。

（3）将第（2）题中的矩形类定义为类模板，使得坐标、周长和面积都可根据需要设定为整型、浮点型或双精度型等。

四、问题讨论

（1）类定义时如何实现类内信息隐蔽的？

（2）分析例15.3中静态成员的使用，理解它是如何实现链表结构的。

实验十六 继承与虚函数

一、实验目的

掌握继承派生的使用,充分理解虚函数在派生机制中的应用。

二、范例分析

【例16.1】设计一个图形类库,该类库中有圆形、长方形等,功能有计算面积,移动位置等。

分析:在程序中,由于圆形、矩形类都是图形类中的一个特例,因此,在程序中抽取一个几何图形类作为基类,并派生出圆类、矩形类。由于不同的图形在计算图形面积、移动位置等方面实现方法不同,因此,在基类中将相应的成员函数设计为纯虚函数,而将该成员函数的具体实现留给派生类来完成。

源程序:

(1)在项目中新建一个头文件shape.h,在其中输入下列Shape类的定义代码。

```cpp
////shape.h文件    定义Shape类
#ifndef _MM
#define _MM

class  Shape
{
protected:
    float x,y;
    int fillpat;
public:
    Shape(float h=0,float v=0,int fill =0);    //构造函数
    float GetX();
    float GetY();
    void SetPoint(float b,float v);
    int GetFill();
    void SetFill(int fill);
    virtual float Area() =0;                   //纯虚函数,计算面积
    virtual float Perimeter() = 0;             //纯虚函数,计算周长
};
#endif
```

(2)在项目中新建一个源文件shape.cpp,在其中输入下列Shape类的成员函数的实现代码。

```cpp
////////shape.cpp 文件    定义Shape类的成员函数
#include "shape.h"

Shape::Shape(float h,float v,int fill):x(h),y(v),fillpat(fill)//初始化坐标及填充方式
{ }
float Shape::GetX()
{ return x;       }
```

```
float Shape::GetY()
{  return y;       }
void Shape::SetPoint(float b,float v)
{  x = b; y = v; }
int Shape::GetFill()
{  return fillpat;       }
void Shape::SetFill(int fill)
{  fillpat = fill; }
```

(3) 在项目中新建一个头文件circle.h，在其中输入Circle类的定义代码。

```
///circle.h           定义圆类，它是Shape类的派生类
#include "shape.h"

const double PI = 3.1415926;

class Circle:public Shape
{
protected:
    float radius;                //圆的半径
public:
    Circle(float b=0,float v=0,float r=0,int fill=0);
    float GetRadius(void);
    void SetRadius(float r);
    virtual float Area();
    virtual float Perimeter();
};
```

(4) 在项目中新建一个源文件circle.cpp，在其中输入Circle类的成员函数的实现代码。

```
////circle.cpp    定义圆类的成员函数
#include <iostream>
#include "circle.h"
using namespace std;

Circle::Circle(float b,float v,float r,int fill):Shape(b,v,fill),radius(r)
//参数b和v用于初始化基点，参数fill用于初始化填充方式，由Shape类初始化
//参数r用于初始化半径
{          }
float Circle::GetRadius(void)
{  return radius;       }
void Circle::SetRadius(float r)
{  radius = r;    }
float Circle::Area()
{  return PI * radius*radius; }
float Circle::Perimeter()
{  return 2*PI*radius; }
```

(5) 在项目中新建一个头文件rectangle.h，在其中输入Rectangle类的定义代码。

```
//rectangle.h      定义矩形类
#include "shape.h"
class Rectangle:public Shape
{
protected:
    float  width,height;         //矩形的长、宽
public:
    Rectangle(float b=0,float v=0,float width=0,float height =0,int fill=0);
    float GetWidth(void);
    void SetWidth(float w);
    float GetHeight(void);
```

```cpp
    void SetHeight(float h);
    virtual float Area(void);
    virtual float Perimeter(void);
};
```

（6）在项目中新建源文件rectangle.cpp，在其中输入Rectangle类的成员函数的实现代码。

```cpp
////rectangle.cpp      定义矩形类的成员函数
#include <iostream>
using namespace std;
#include "rectangle.h"

Rectangle::Rectangle(float b,float v,float w,float h,int fill)
    :Shape(b,v,fill),width(w),height(h)
{ }
float Rectangle ::GetWidth(void)
{ return width; }
void Rectangle ::SetWidth(float w)
{ width = w;    }
float Rectangle ::GetHeight(void)
{ return height;         }
void Rectangle ::SetHeight(float h)
{ height = h;   }
float Rectangle ::Area(void)
{ return width*height;         }
float Rectangle::Perimeter(void)
{ return 2*(width+height);      }
```

（7）应用类完成系统。

```cpp
//主函数，应用圆类及矩形类
#include <iostream>
#include "circle.h"
#include "rectangle.h"
using namespace std;

int main()
{
    Circle C1(1,1,0.5,7),C2(5,5,1);                    //C2无填充方式
    Rectangle R1(10,10,10,10,30),R2(30,30,5,15);       //R2 无填充方式

    cout<<"\nC1的基点坐标：\t"<<C1.GetX()<<"    " << C1.GetY();
    cout<<"\nC1的面积及周长：\t"<<C1.Area()<<"    "<<C1.Perimeter()<<endl;

    cout<<"\nC2的基点坐标：\t"<<C2.GetX()<<"    " << C2.GetY();
    cout<<"\nC2的面积及周长：\t"<<C2.Area()<<"    "<<C2.Perimeter()<<endl;

    cout<<"\nR1的基点坐标：\t"<<R1.GetWidth()<<"    " << R1.GetHeight();
    cout<<"\nR1的面积及周长：\t"<<R1.Area()<<"    "<<R1.Perimeter()<<endl;

    cout<<"\nR2的基点坐标：\t"<< R2.GetWidth()<<"    " << R2.GetHeight();
    cout<<"\nR2的面积及周长：\t"<< R2.Area()<<"    "<< R2.Perimeter()<<endl;

    cout<<"\n修改后："<<endl;

    //改变圆及矩形的属性
    C1.SetPoint(13,13);
    C1.SetRadius(50);
```

```
        R1.SetPoint(13,13);
        R1.SetWidth(50);
        R1.SetHeight(40);

        cout<<"\nC1的基点坐标：\t"<<C1.GetX()<<"     " << C1.GetY();
        cout<<"\nC1的面积及周长：\t"<<C1.Area()<<"     "<<C1.Perimeter()<<endl;

        cout<<"\nR1的基点坐标：\t"<<R1.GetWidth()<<"     " << R1.GetHeight();
        cout<<"\nR1的面积及周长：\t"<<R1.Area()<<"     "<<R1.Perimeter()<<endl;
        return 0;

}
```

运行结果：

C1的基点坐标：   1   1
C1的面积及周长：   0.785398   3.14159

C2的基点坐标：   5   5
C2的面积及周长：   3.14159   6.28319

R1的基点坐标：   10   10
R1的面积及周长：   100   40

R2的基点坐标：   5   15
R2的面积及周长：   75   40

修改后：

C1的基点坐标：   13   13
C1的面积及周长：   7853.98   314.159

R1的基点坐标：   50   40
R1的面积及周长：   2000   180

三、实验内容

1. 试写出下面这段程序的运行结果，体会虚函数与非虚函数的作用

```cpp
#include <iostream>
using namespace std;

class Cfairy_tale
{
public:
    virtual void act1()
    {
        cout<<"Princess meets Frog\n";
        act2();
    }
    virtual void act2()
    {
        cout<<"Princess kisses Frog\n";
        act3();
    }
    virtual void act3()
    {
        cout<<"Frog turns Prince\n";
        act4();
```

```cpp
    }
    virtual void act4()
    {
        cout<<"They live happy ever after\n";
        act5();
    }
    virtual void act5()
    {
        cout<<"The end\n";
    }
};
class Cunhappy_tale:public Cfairy_tale
{
public:
void act3()
    {
        cout<<"Frog stays a frog\n";
        act4();
    }
    void act4()
    {
        cout<<"Princess runs away in disgust\n";
        act5();
    }
    void act5()
    {
        cout<<"The non-so-happy end\n";
    }
};
int main()
{
    char c;
    Cfairy_tale *tale;
    cout<<"Which tale would you like to hear(f/u)?";
    cin>>c;
    if(c == 'f')
        tale = new Cfairy_tale;
    else
        tale = new Cunhappy_tale;
    tale->act1();
    delete tale;
    return 0;
}
```

2. 按下面要求设计程序

一名兽医想记录他所治疗的各种类型的狗以及治疗信息，尤其想了解不同的病症对带斑点的狗和不带斑点的狗所产生的影响。为该兽医设计一个类层次：基类记录狗的品种、身高、体重、颜色等一般信息；为斑点狗和不带斑点狗分别设计不同的类。下面主函数将使用你定义的类：

```cpp
int main()
{
    //定义一个白色的Dalmatian斑点狗，它身高24，体重60，斑点为红色
    CSpotted_Dog redSpot("Dalmatian",24,60,"white","red");
    //定义一个黄色的Dalmatian不带斑点的狗，它身高30，体重40
    CUnspotted_Dog rover("Dalmatian",30,40,"yellow");
    redSpot.Show_breed();           //显示狗的品种
    redSpot.Spot_info();            //显示狗的斑点信息
```

```
    rover.Show_breed();                    //显示狗的品种
    return 0;
}
```

四、问题讨论

（1）C++中继承的目的是什么？

（2）虚函数和纯虚函数的作用是什么？

实验十七 运算符重载

一、实验目的

（1）理解运算符重载的含义，通过定义重载运算符的函数来实现运算符重载。
（2）掌握使用成员函数和友元函数实现运算符重载的方法。

二、范例分析

【例17.1】 用友元函数实现复数类的运算符重载。

分析：同样假设复数的自增、自减就是将复数的实部和虚部分别加1、减1。

源程序：

```
#include <iostream>
using namespace std;
class CComplex
{
public:
    CComplex (double a=0,double b=0);                          //构造函数
    friend CComplex operator -(CComplex &a);                   //重载单目负号
    friend CComplex operator +(CComplex &a,CComplex &b);       //重载双目加运算符
    friend CComplex operator -(CComplex &a,CComplex &b);       //重载双目减运算符
    friend CComplex operator +=(CComplex &a,CComplex &b);      //重载加赋值运算符
    friend CComplex &operator ++(CComplex &a);                 //重载单目先自增运算符
    friend CComplex operator ++(CComplex &a,int);              //重载单目后自增运算符
    friend CComplex &operator --(CComplex &a);                 //重载单目先自减运算符
    friend CComplex operator --(CComplex &a,int);              //重载单目后自减运算符
    friend istream & operator >>(istream &input,CComplex &a);  //抽取运算符
    friend ostream & operator <<(ostream &output,CComplex &a); //插入运算符
protected:
    double x,y;
};
CComplex::CComplex (double a,double b)
{   x=a,y=b;       }
CComplex operator -(CComplex &a)                               //重载单目负号
{
    return CComplex(-a.x,-a.y);
}
CComplex operator +(CComplex &a,CComplex &b)                   //重载双目加运算符
{
    return CComplex(a.x+b.x,a.y+b.y);
}
CComplex operator -(CComplex &a,CComplex &b)                   //重载双目减运算符
{
```

```cpp
        return CComplex(a.x-b.x,a.y-b.y);
    }
    CComplex operator +=(CComplex &a,CComplex &b)      //重载复合赋值运算符
    {
        a.x+=b.x;
        a.y+=b.y;
        return a;
    }
    CComplex &operator ++(CComplex &a)                 //重载单目先自增运算符
    {
        a.x++;
        a.y++;
        return a;
    }
    CComplex operator ++(CComplex &a,int)              //重载单目后自增运算符
    {
        CComplex t(a.x++,a.y++);
        return t;
    }
    CComplex &operator --(CComplex &a)                 //重载单目先自减运算符
    {
        a.x--;
        a.y--;
        return a;
    }
    CComplex operator --(CComplex &a,int)              //重载单目后自减运算符
    {
        CComplex t(a.x--,a.y--);
        return t;
    }

    istream & operator >>(istream &input,CComplex &a) //重载输入的抽取运算符
    {
        cout<<"Please input :";
        input>>a.x>>a.y;
        return input;
    }
    ostream & operator <<(ostream &output,CComplex &a)//重载输出的插入运算符
    {
        double real=a.x,imag=a.y;
        if (real||real==0&&imag==0) output<<real;
            if (imag>0&&real)       output <<"+";
            if (imag)
            {
                if (imag==1)
                ;
                else if (imag==-1)
                output<<'-';
                else
                output<<imag;
                output<<'i';
            }
            output<<endl;
        return output;
    }
    int main()
```

```
{
    CComplex a,b,c;
    cin>>a;
    cout<<"a="<<a;
    cin>>b;
    cout<<"b="<<b;
    c=a+b;              // c=operator +(a,b)
    cout<<"c=a+b="<<c;
    c=a-b;              // c=operator -(a,b)
    cout<<"c=a-b="<<c;
    a+=c;               // operator +=(a,c)
    cout<<"a=(a+=c)="<<a;
    b=-c;               // b=operator -(c)
    cout<<"b=(-c)="<<b;
    b=a++;              // b=operator ++(a,int)
    cout<<"a++,a="<<a;
    cout<<"b=(b=a++)="<<b;
    b=--a;              // b=operator --(a)
    cout<<"--a,a="<<a;
    cout<<"b=(b=--a)="<<b;
    return 0;
}
```

运行结果：

```
Please input :7 3
a=7+3i
Please input :6 5
b=6+5i
c=a+b=13+8i
c=a-b=1-2i
a=(a+=c)=8+i
b=(-c)=-1+2i
a++,a=9+2i
b=(b=a++)=8+i
--a,a=8+i
b=(b=--a)=8+i
```

【例17.2】 用成员函数实现数组类的下标运算符重载。

分析：在重载下标运算符时，一定注意其函数类型必须是引用。

源程序：

```
#include <iostream>
using namespace std;
class CArray
{
public:
    CArray(int size);                //构造函数声明
    CArray(CArray &a);               //拷贝构造函数定义
    ~CArray();                       //析构函数声明
    int& operator [](int i);         //重载下标运算符
protected:
    int* m_Data;                     //存数组首地址
    int m_Size;                      //数组中包含元素个数
};
CArray::CArray(int Size)             //构造函数定义
{
    m_Data = new int[Size];          //申请内存空间
    m_Size = Size;                   //设置数组元素个数
```

```cpp
}
CArray::CArray(CArray &a)                    //拷贝构造函数定义
{
    m_Size = a.m_Size;                       //设置数组元素个数
    m_Data = new int[m_Size];                //申请内存空间
    for (int i=0;i<m_Size;i++)
        m_Data[i]=a.m_Data[i];
}
CArray::~CArray()                            //析构函数定义
{
    delete[] m_Data;                         //释放内存空间
}
int &CArray::operator [](int nIndex)         //重载下标运算符
{
    return m_Data[nIndex];
}
int main()
{
    CArray a(10);
    cout<<"Please input number: \n";
    for (int i=0;i<10;i++)
        cin>>a[i];
    for (i=0;i<10;i++)
        cout<<"a["<<i<<"]="<<a[i]<<'\t';
    cout<<endl;
    return 0;
}
```

运行结果：
```
Please input number:
2 3 6 8 12 6 18 9 16 17
a[0]=2  a[1]=3  a[2]=6  a[3]=8  a[4]=12  a[5]=6  a[6]=18  a[7]=9  a[8]=16
a[9]=17
```

三、实验内容

（1）用成员函数实现字符串类的连接、赋值和下标运行符的重载。

（2）为点类实现负号、加、减、自增、自减运算符的成员函数重载，实现输入的抽取和输出的插入运算符的友元函数重载。其中自增、自减运算假设为将其 x、y 坐标加1或减1。

四、问题讨论

（1）C++中的单目、双目运算符重载为成员函数和友元函数时参数的个数是多少？

（2）在重载自增、自减运算符的友元函数中，为什么参数一定要用引用形式？

实验十八 创建基于对话框的MFC应用程序

一、实验目的

（1）掌握使用AppWizard创建基于对话框应用程序项目的操作过程，了解AppWizard生成的类和文件。

（2）熟悉在资源编辑器中对对话框进行的可视化操作：设置对话框及控件的属性；删除、添加、移动、复制及排列控件。

（3）掌握如何在ClassWizard对话框中为对话框上的控件添加对应的成员变量、如何为对话框上的控件建立消息映射和消息映射函数。

（4）学习掌握静态文本、编辑框、按钮、线框控件、单选按钮控件、复选框控件、列表框、组合框及列表视图控件等控件的使用。

二、范例分析

【例18.1】创建一个基于对话框的应用程序，用来实现两个数的加减乘除运算。其对话框界面如图18.1所示，两个编辑框用来输入两个操作数，一个编辑框用来显示运算结果；四个命令按钮＋、－、×和÷用来启动计算并把结果显示出来，"清零"按钮用来清除编辑框中的数据并将焦点移到第一个操作数的输入文本编辑框，"退出"按钮关闭对话框；一个静态文本用于提示输入操作数。

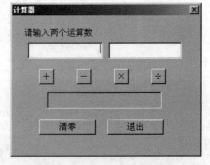

图18.1 计算器程序对话框界面

1. 创建基于对话框的应用程序框架

首先，利用MFC AppWizard创建基于对话框的应用程序的基本框架，操作过程如下。

（1）启动Visual C++后，选择"File"→"New"菜单命令，弹出"New"对话框。

在"New"对话框中，选择"Projects"选项卡，如图18.2所示。从项目类型清单中选择"MFC AppWizard (exe)"选项，创建一个使用MFC基础类库进行编程的可执行程序；在"Project name"文本框中输入新建项目名：Calculator；在"Location"文本框中显示出项目文件夹的存放路径，可单击"…"按钮进行修改；确认对话框右下角的"Platforms"中的"Win32"被选中，以保证创建的是32位的Windows平台上的应用程序，最后单击"OK"按钮。

（2）接下来，MFC AppWizard将依次显示4个对话框供程序员对将创建的应用程序框架进行设置，利用对话框上的"Back"和"Next"按钮，可实现对话框间的切换；单击"Finish"按钮，则不再设置，使用默认设置生成应用程序的基本框架。

首先显示的是"MFC AppWizard-Step 1"对话框，如图18.3所示。从MFC AppWizard可创建的三种应用程序中选择"Dialog based"选项，生成基于对话框的应用程序，语言选择"中文[中国](APPWZCHS.

DLL)",单击"Next"按钮,进入下一步。

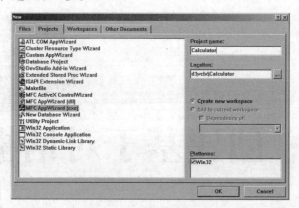

图18.2 "New"对话框

(3)接下来显示的是"MFC AppWizard-Step 2 of 4"对话框,如图18.4所示。该对话框设置应用程序的外观特征,其中"About Box"复选框表示程序中包括一个关于对话框。在"Please enter a title for your dialog"(对话框标题)编辑框中输入"计算器"作为对话框窗口的标题。单击"Next"按钮进入下一步。

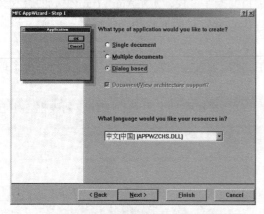

图18.3 "MFC AppWizard-Step 1"对话框

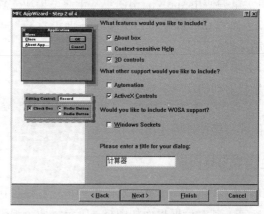

图18.4 "MFC AppWizard-Step 2 of 4"个对话框

(4)"MFC AppWizard-Step 3 of 4"对话框包括三组单选按钮,如图18.5所示,均选择默认选项即可。单击"Next"按钮,进入最后一步。

(5)向导弹出"MFC AppWizard-Step 4 of 4"对话框,显示向导将要在应用程序中生成的类的有关信息:类名、基类名和文件名,如图18.6所示。由于建立的是基于对话框的应用程序,所以MFC AppWizard生成的两个主要类分别是应用类的派生类CCalculatorApp和对话框类的派生类CCalculatorDlg;同时生成存放类定义的头文件Calculator.h和CalculatorDlg.h,存放类实现的源文件Calculator.cpp和CalculatorDlg.cpp。

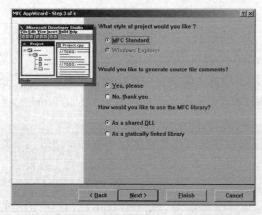

图18.5 "MFC AppWizard-Step 3 of 4"对话框

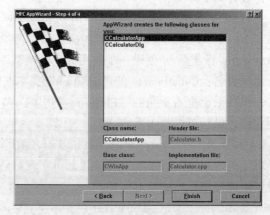

图18.6 "MFC AppWizard-Step 4 of 4"对话框

由AppWizard生成的类显示在对话框上部的列表框中,其中的CCalculatorApp类被选中,下面显示了该类的类名CCalculatorApp、基类名CWinApp及将生成的存放类定义的头文件Calculator.h和实现过程的源文件Calculator.cpp,可在"Class name"类名编辑框中修改类名。

选中列表框中的CCalculatorDlg类,下面显示了该类的类名CCalculatorDlg、基类名CDialog以及将生成的头文件名CalculatorDlg.h和源文件名CalculatorDlg.cpp。可修改类名、头文件名和源文件名,这里不修改使用默认名,单击"Finish"按钮结束创建项目的有关设置。

(6)最后弹出"New Project Information"对话框,如图18.7所示。在该对话框中列出了前面几步设置的应用程序的有关信息,包括应用程序类型、新创建的类以及应用程序的全部特征,还显示了该应用程序将生成在哪个路径之中。检查后若正确,可单击"OK"按钮,则MFC AppWizard开始应用程序的自动生成工作,在指定的目录下生成应用程序框架所必需的全部文件。

至此,MFC AppWizard完成它的工作,生成了一个可编

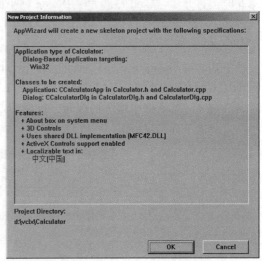

图18.7 新建项目的有关信息

译执行的应用程序框架,并在项目工作区窗口将其打开,在资源编辑器中将程序中的主对话框打开,如图18.8所示。

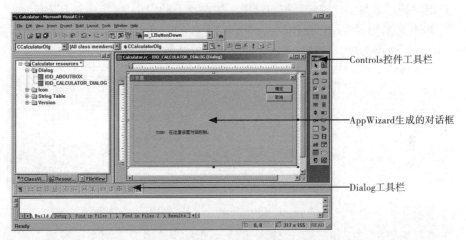

图18.8 MFC AppWizard创建应用程序后的Visual C++窗口

在编制程序前,我们先来了解一下应用程序Calculator的基本框架中包含的主要元素。

打开工作区窗口的"ClassView"选项卡并展开文件夹,可见MFC AppWizard为Calculator应用程序生成的三个类。其中对应主对话框的CCalculatorDlg类和对应关于对话框的CAboutDlg类都是从MFC类库中的对话框类CDialog派生的,CCalculatorApp类是从MFC类库中的应用程序类CWinApp派生的。

MFC AppWizard为应用程序生成了存放类定义的头文件和实现过程的源文件。打开工作区窗口的"FileView"选项卡并全部展开,可看到存放类定义的头文件Calculator.h和CalculatorDlg.h,存放类的实现过程的源文件Calculator.cpp和CalculatorDlg.cpp,存放资源ID值定义的Resource.h头文件等。

打开工作区窗口的"ResourceView"选项卡并全部展开,可看到应用程序Calculator中包含的Dialog对话框、Icon图标、String Table串表和Version版本信息等各类资源。展开Dialog对话框夹,可看到应用程序中包含的两个对话框资源IDD_CALCULATOR_DIALOG和IDD_ABOUTBOX。

此时即可连接并运行程序,但不能完成什么实际操作。

2. 编辑对话框资源

下面对程序运行时的主窗口对话框IDD_CALCULATOR_DIALOG进行编辑。

（1）AppWizard创建项目后已将所生成的主对话框在资源编辑器中打开，可看到对话框的初始界面包括三个控件（"确定"、"取消"两个命令按钮和以"TODO"开头的静态文本），如图8所示。另外要注意此时还打开了"Controls"和"Dialog"两个工具栏供程序员编辑对话框时使用。

（2）设置对话框属性。在IDD_CALCULATOR_DIALOG对话框编辑窗口的空白处右击，在弹出的快捷菜单中选择"Properties"命令，打开"Dialog Properties"对话框。

"Dialog Properties"对话框的"General"选项卡，如图18.9所示。在ID值编辑框中显示了对话框的标识IDD_CALCULATOR_DIALOG；"Caption"编辑框中为对话框窗口的标题，就是在"MFC AppWizard-Step 2 of 4"对话框中输入的标题，这两项都不修改；下面还显示了对话框上所有控件的字体和字体的大小，可单击下面的"Font…"按钮，打开"Select Dialog Font"对话框，重新设置字体和大小。

图18.9 "Dialog Properties"对话框

（3）编辑控件。

① 删除控件。单击"确定"按钮选中，按键盘上的"Delete"键将其删除。

② 静态文本控件Static Text。AppWizard生成的对话框中已有一个静态文本控件，右击该控件，选择"Properties"快捷菜单，则打开了该控件的属性对话框，如图18.10所示。

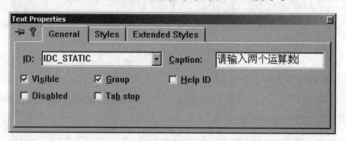

图18.10 "Text Properties"对话框

在内容编辑框"Caption"内输入要显示的内容"请输入两个运算数"。确认"Visible"复选框被选中，使该控件显示在对话框中。设置完毕，单击属性对话框右上角的"关闭"按钮，关闭对话框结束设置。

③ 文本编辑框Edit Box。首先添加三个文本编辑框控件。

要添加文本编辑框控件，先单击控件工具栏上的文本编辑框工具abl（Edit Box），选中该工具（向下凹）。然后将鼠标指针移到对话框编辑窗口，鼠标指针变为十字形，在正编辑的对话框上单击，则在单击处添加了一个文本编辑框控件，其大小为系统设置的默认大小。

再单击控件工具栏上的文本编辑框工具abl，选中该工具，在编辑窗口中的对话框上按下鼠标拖出一个矩形，则在该处添加了一个文本编辑框控件，其大小为用户拖动的矩形的大小。

依此方法，再添加一个文本编辑框，使对话框上共有三个文本编辑框。

然后设置控件的属性。刚添加的三个文本编辑框的默认ID值依次为IDC_EDIT1、IDC_EDIT2和IDC_EDIT3。单击文本编辑框IDC_EDIT1选中，选择"View"→"Properties"菜单项打开该控件的属性对话框。选择属性对话框中的"General"选项卡，如图18.11所示，将其ID值改为IDC_EOPRAND1。

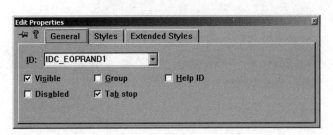

图18.11 "Edit Properties"对话框

再打开IDC_EDIT2编辑框控件的属性对话框,将其ID值改为IDC_EOPRAND2。

最后打开IDC_EDIT3编辑框控件的属性对话框,选择"General"选项卡,将其ID值改为IDC_ERESULT。选择"Styles"选项卡,如图18.12所示,选中"Read-only"复选框,因为该控件只是显示结果,不需要用户输入数据,设置为只读;因为显示的是数值,将"Align text"设为"Right",按右对齐方式显示(最好将IDC_EOPRAND1和IDC_EOPRAND2控件也设为右对齐显示方式)。

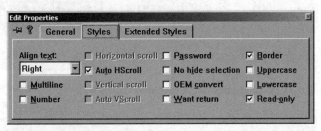

图18.12 "Styles"标签

④ 命令按钮Button。同样的,使用控件工具栏上的命令按钮工具■(Button)在对话框上添加五个命令按钮。然后,按照表18.1所示,依次设置五个命令按钮的属性。最后将"取消"控件的Caption属性改为"退出"。

至此,我们完成了对话框中控件的添加和属性设置,如表18.1所示。

⑤ 排列对话框中的控件。要移动控件,先选中控件,再在控件上按住鼠标左键拖动鼠标,控件会随着鼠标的拖动而移动,移到合适的位置放开鼠标即移动控件。

要调整控件的大小,先在控件工具栏中单击Select工具,然后单击"+"按钮选中,在该控件的四周或四个角上按住鼠标左键拖动鼠标,控件的大小会随着鼠标的拖动而改变,拖到合适的位置放开鼠标即可。

表18.1 例18.1主对话框界面中各个控件的属性

控件	ID	Caption
命令按钮	IDC_BPLUS	＋
命令按钮	IDC_BMINUS	－
命令按钮	IDC_BMULTIPLY	×
命令按钮	IDC_BDIVIDE	÷
命令按钮	IDC_BCLEAR	清零
命令按钮	IDCANCEL	退出
编辑框	IDC_EOPRAND1	
编辑框	IDC_EOPRAND2	
编辑框	IDC_ERESULT	
静态文本	IDC_STATIC	请输入两个运算数

要将多个控件水平或垂直排列整齐或者大小一样,可使用如图18.13所示的"Dialog"工具栏。首先要选中多个控件,然后使用"Dialog"工具栏中的工具或"Layout"菜单中的"Align""Make Same Size"和"Arrange Buttons"等命令来实现。

图18.13 "Dialog"工具栏

⑥ 调整控件的Tab顺序。选择"Layout"→"Tab Order"菜单命令,对话框上控件的Tab顺序号显示出来。用鼠标单击第一个获得焦点的控件,依次点击第二个、第三个,可看到控件上的Tab顺序号的改变,则鼠标单击控件的顺序就是它们新的Tab号顺序,改变Tab顺序号后的对话框如图18.14所示。

设置结束,直接在对话框的空白处单击,则取消Tab顺序号的显示。

此时使用"Dialog"工具栏中的Test工具检测设计结果。如果现在运行程序，可显示出对话框，但还不能执行任何操作，因为还没有给它添加任何代码，下面对与之关联的对话框类CCalculatorDlg进行操作实现程序功能。

3. 编辑对话框类

（1）为控件生成其对应的成员变量。

下面使用ClassWizard为对话框中的编辑框IDC_EOPRAND1生成一个与其对应的成员变量m_dOprand1（第一个操作数），其过程如下：

① 选择"View"→"ClassWizard"菜单命令打开"MFC ClassWizard"对话框。

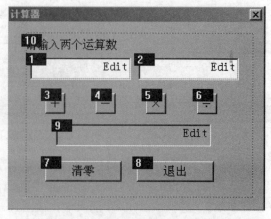

图18.14 对话框上控件的Tab键顺序号

② 在"MFC ClassWizard"对话框中选择"Member Variables"选项卡。在"Control IDs"列表框中单击IDC_EOPRAND1项，使之高亮显示，为其设置对应的成员变量。单击右边转为激活状态的"Add Variable"按钮，打开"Add Member Variable"对话框。

③ 在"Add Member Variable"对话框中，设置成员变量名为m_dOprand1，类别为Value，单击"Variable type"编辑框右侧的下三角按钮，从下拉列表中选择double为其数据类型，如图18.15所示。

④ 单击"OK"按钮，此时回到"MFC ClassWizard"对话框，可在"Control IDs"列表框中看到为文本编辑框"IDC_EOPRAND1"生成了一个变量m_dOprand1。

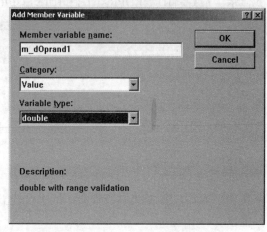

图18.15 "Add Member Variable"对话框

⑤ 用同样的方法，通过"MFC ClassWizard"对话框依次为编辑框"IDC_EOPRAND2"和"IDC_ERESULT"生成其对应的成员变量m_dOprand2和m_dResult。增加变量之后的"MCF ClassWizard"对话框如图18.16所示，单击对话框上的"OK"按钮关闭"MFC ClassWizard"对话框。现在，在对话框类中为三个文本编辑框生成了其对应的成员变量，但要将控件上的数据和对应的成员变量之间实现数据传送，还需要调用对话框类的成员函数UpdateData()。

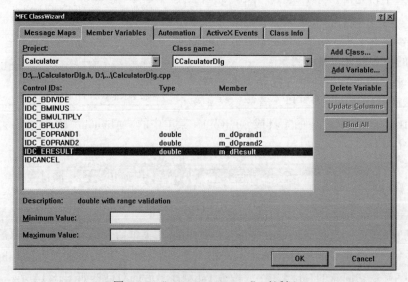

图18.16 "MFC ClassWizard"对话框

（2）建立消息映射及其函数并添加代码。

对话框上的加减乘除四个命令按钮的作用是启动计算，并将结果显示在IDC_ERESULT编辑框中，所以要为这四个控件建立"单击"消息映射和消息映射函数。

首先使用ClassWizard为"+"按钮控件建立"单击"事件消息映射并生成相应的消息映射函数，然后打开源文件输入函数代码，操作过程如下：

① 首先按【Ctrl+W】组合键打开"MFC ClassWizard"对话框。

② 在"MFC ClassWizard"对话框中选择"Message Maps"选项卡，如图18.17所示。在"Object IDs"列表框中单击IDC_BPLUS项，为"+"命令按钮添加一个消息映射。此时，在"Messages"列表框中出现两条消息：BN_CLICKED和BN_DOUBLECLICKED，选择BN_CLICKED项，即为该按钮的"单击"消息建立消息映射。这时右侧的"Add Function"按钮转为激活状态，单击该按钮，弹出"Add Member Function"对话框，单击"OK"按钮接受默认的映射函数名OnBplus，如图18.18所示。返回"MFC ClassWizard"对话框后，可见"Member Functions"列表框中增加了一个成员函数OnBplus()。

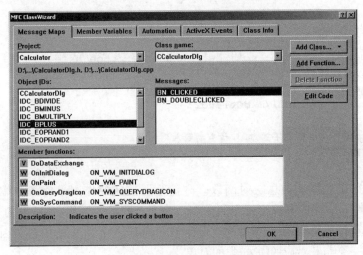

图18.17 "Message Maps"标签

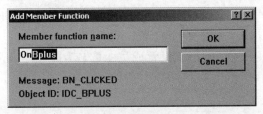

图18.18 "Add Member Function"对话框

③ 此时单击"MFC ClassWizard"对话框中的"Edit Code"按钮，Visual C++打开包含该函数实现过程的源文件CalculatorDlg.cpp，并将光标停在函数OnBplus()中需添加代码处，等待用户输入函数的实现代码。

④ 输入函数代码。函数的完整定义如下，其中粗体为添加的代码：

```
void CCalculatorDlg::OnBplus()
{
    // TODO: Add your control notification handler code here
    UpdateData();              //从控件中读取用户输入的数据送到成员变量中
    m_dResult=m_dOprand1+m_dOprand2;
    UpdateData(FALSE);         //将成员变量的值显示在对应的控件中
}
```

函数中两次调用了UpdateData()函数，第一次调用该函数时使用默认参数值TRUE，将对话框中的编辑框控件IDC_EOPRAND1和IDC_EOPRAND2中的数值捕获到对应的成员变量m_dOprand1和m_dOprand2中。第二次调用该函数时，参数为FALSE，用对应的成员变量的值刷新对话框中编辑框控件的数据，将计算后存放和的成员变量m_dResult的值送回对话框界面中的编辑框控件中。

同样的，依次为减乘除按钮建立消息映射和映射函数，并输入如下函数代码：

```
void CCalculatorDlg::OnBminus()
{
    // TODO: Add your control notification handler code here
    UpdateData();
    m_dResult=m_dOprand1-m_dOprand2;
    UpdateData(FALSE);
}
void CCalculatorDlg::OnBmultiply()
{
    // TODO: Add your control notification handler code here
    UpdateData();
    m_dResult=m_dOprand1*m_dOprand2;
    UpdateData(FALSE);
}
void CCalculatorDlg::OnBdivide()
{
    // TODO: Add your control notification handler code here
    UpdateData();
    if (m_dOprand2)
        m_dResult=m_dOprand1/m_dOprand2;
    else
        AfxMessageBox("除数不能为0！请重新输入！");
    UpdateData(FALSE);
}
```

⑤ 最后为"清零"按钮添加消息映射函数。"清零"按钮的作用是使三个编辑框清零，将焦点移到IDC_EOPRAND1控件上，并选中该控件中的内容。为此，我们要调用CEdit类的基类CWnd的成员函数SetFocus使控件获得焦点；还要调用CEdit类的成员函数SetSel选中控件中的内容。因为要调用CEdit类的方法，必须为该控件生成一个与其对应的CEdit类的对象。

为了添加该成员变量，使用【Ctrl+W】组合键打开"MFC ClassWizard"对话框。在对话框中选择"Member Variables"选项卡，在"Control IDs"列表框中单击IDC_EOPRAND1项选中，单击右边转为激活状态的"Add Variable"按钮，打开"Add Member Variable"对话框。

在"Add Member Variable"对话框中，设置成员变量名为m_eOprand1，选择类别为Control，数据类型自动转为CEdit，如图18.19所示。单击"OK"按钮，MFC ClassWizard把m_eOprand1变量添加到了CCalculatorDlg类中，如图18.20所示。

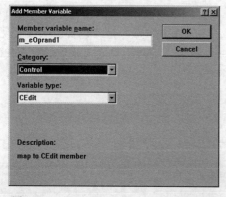

图18.19 "Add Member Variable"对话框

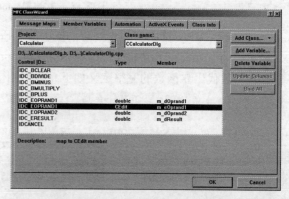

图18.20 "MFC ClassWizard"对话框

接下来，为"清零"按钮建立消息映射。双击编辑窗口中的对话框上的"IDC_BCLEAR"按钮，在弹出的"Add Member Function"对话框上接受映射函数名OnBclear，单击"OK"按钮，则存放其函数代码的

CalculatorDlg.cpp源文件被打开并指示在该函数处。下面输入该函数的代码：

```
void CCalculatorDlg::OnBclear()
{
    // TODO: Add your control notification handler code here
    m_dResult = m_dOprand2 = m_dOprand1 = 0;        //将控件对应的成员变量清零
    UpdateData(FALSE);                              //将成员变量的值显示在对应的控件中
    m_eOprand1.SetFocus();                          //使显示第一个运算数的控件获得焦点
    m_eOprand1.SetSel(0,-1);
                                    //选中第一个运算数控件中的内容，以便用户输入时将其清除
}
```

4．编译、连接运行程序

最后，编译、连接无误后运行程序。在上面两个编辑框中输入两个数后，单击加按钮，则在下面的编辑框中显示出两个数的和。同样的，单击减按钮，则在下面的编辑框中显示出两个数的差。单击"清零"按钮，则三个编辑框的内容都变为0，显示第一个运算数的编辑框控件获得焦点，并且其中的内容被选中。

图18.21 例18.2的对话框

【**例18.2**】实验十五的例15.2通过定义CFournum类实现了猜四位整数的程序。

1．使用AppWizard建立一个基于对话框的Windows程序four

2．设计对话框资源

将对话框的ID设为IDD_FOUR_DIALOG，Caption设为"猜四位整数游戏"。对话框中包括1个静态文本、1个编辑框、3个命令按钮和1个列表框，如图18.21所示，它们的ID和Caption属性如表18.2所示。

表18.2 猜四位整数程序主对话框中各个控件的属性

控　件	ID	Caption
静态文本	IDC_STATIC	请输入所猜的四位整数
编辑框	IDC_INPUT	
命令按钮	IDC_CHECK	对吗
命令按钮	IDCANCEL	退出
命令按钮	IDC_ANSWER	看答案
列表框	IDC_DISP	

3．添加实验十五的例15.2的CFournum类到程序中

首先将存放CFournum类定义的Fournum.h头文件和Fournum.cpp源文件复制到刚建立的four项目文件夹下。

在four项目工作区的FileView视窗中，在Header Files文件夹上右击，从快捷菜单中选择"Add Files to Folder"命令，从打开的"Insert Files into Project"对话框中选择fournum.h文件，将其添加到four项目中。同样的，在Source Files文件夹上右击，选择"Add Files to Folder"命令打开"Insert Files into Project"对话框，选择fournum.cpp文件添加到项目中。

打开fournum.cpp源文件，在文件的开头添加一条文件包含指令（作为第1条文件包含指令）：

```
#include "stdafx.h"
```

此时编译fournum.cpp源文件，应该没有编译错误。

在four项目工作区选择ClassView选项卡，可见项目中包含的类里增加了CFournum类。单击类名前的加号将其展开，可见它包含的所有成员。

4. 编辑对话框类CFourDlg

（1）为控件生成其对应的成员变量。

① 为CFourDlg类添加成员变量m_a，类型为CFournum类。在项目工作区的ClassView视窗，在CFourDlg类上右击，从快捷菜单中选择"Add Member Variable"命令，从打开的"Add Member Variable"对话框中设置添加的成员变量类型为CFournum，变量名为m_a，如图18.22所示。

单击"OK"按钮关闭对话框，则系统在FourDlg.h头文件中，CFourDlg类的声明中增加了成员变量m_a的声明，并且在头文件的开头添加了：

图18.22 "Add Member Variable"对话框

```
#include "fournum.h"   // Added by ClassView
```
用来包含fournum.h头文件。

② 为控件添加对应的成员变量。为对话框上的编辑框IDC_INPUT添加对应的成员变量m_input，种类为Value型的int类型，为列表框IDC_DISP添加对应的成员变量m_disp，为Control型（控件型）的CListBox类。

（2）建立消息映射及其函数并添加代码。

分别为命令按钮IDC_CHECK和IDC_ANSWER建立单击消息映射函数OnCheck和OnAnswer。OnCheck函数代码为：

```
void CFourDlg::OnCheck()
{
    // TODO: Add your control notification handler code here
    static int count=0; //记录猜数的次数
    count++;
    UpdateData(true);
    CFournum b(m_input);
    int pos=m_a.samepos(b);
    int num=m_a.samenum(b);
    CString s;
    s.Format("第%d次输入%d：有%d个相同数字，且有%d个相同位置。",
            count,m_input,num,pos);
    m_disp.AddString (s);      //
    if (num==4&&pos==4)        //猜对了
    {
        int ans;
        ans=MessageBox("是否继续游戏?",NULL,MB_YESNO|MB_ICONQUESTION);
        if (ans==IDYES)        //继续游戏
        {
            m_input=0;
            int len=m_disp.GetCount ();
            for (int i=len-1;i>=0;i--) //清空列表框
                m_disp.DeleteString (i);
            m_a.create();//产生新的四位整数
            count=0;
            UpdateData(false);
        }
        else
            CDialog::OnCancel ();
    }
}
```

函数中，当用户猜对了，显示信息框询问是否继续游戏，如图18.23所示。下面是OnAnswer函数的代码：

```
void CFourDlg::OnAnswer()
{
```

图18.23 是否继续游戏信息框

```
    // TODO: Add your control notification handler code here
    CString tmp;
    tmp.Format("%d",m_a.getnum());
    MessageBox(tmp);
}
```

函数中调用对话框类的成员函数MessageBox显示所猜的四位数。编译、连接程序，最后运行程序。

【例18.3】创建一个基于对话框的课程管理应用程序，对话框如图18.24所示。从对话框的上部输入课程号、课程名称，选择开课学院、课程类别、可选年级和精品课，单击"保存"按钮，则在下面的列表控件中显示出来。

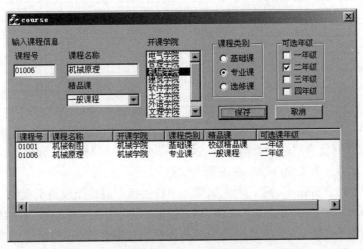

图18.24　例18.3对话框界面

通过本例的学习，掌握线框控件、单选按钮控件、复选框控件、列表框、组合框及列表视图控件的使用，并说明如何调用控件类的方法来实现其功能。

1. 创建基于对话框的应用程序框架

按照前面介绍的操作过程，利用MFC AppWizard创建基于对话框的应用程序框架。应用程序名为：Course。

2. 编辑对话框资源

（1）设置对话框属性。打开对话框ID_COURSE_DIALOG的"Dialog properties"对话框，将"Caption"属性设为"课程信息管理系统"。

（2）编辑控件。

① 按照图18.24所示添加控件，并按照表18.3所示设置控件的ID和Caption属性。添加5个静态文本控件，按照表18.3所示设置它们的Caption属性。

② 将"确定"按钮的ID设为IDC_SAVE，Caption属性为"保存"，将"取消"按钮的Caption属性改为"退出"。

表18.3　对话框界面中控件的ID和Caption属性

控　　件	ID	Caption
命令按钮Button	IDC_SAVE	保存
命令按钮Button	IDCANCEL	退出
静态文本Static Text	IDC_STATIC	输入课程信息
静态文本Static Text	IDC_STATIC	课程号
静态文本Static Text	IDC_STATIC	课程名称
静态文本Static Text	IDC_STATIC	开课学院
静态文本Static Text	IDC_STATIC	精品课
编辑框Edit Box	IDC_EDIT_NUMBER	

续表

控件	ID	Caption
编辑框Edit Box	IDC_EDIT_NAME	
列表框List Box	IDC_LIST_COLLEGE	
线框Group Box	IDC_STATIC	课程类别
单选按钮Radio Button	IDC_RADIO_BASE	基础课
单选按钮Radio Button	IDC_RADIO_SPECIAL	专业课
单选按钮Radio Button	IDC_RADIO_SELECT	选修课
线框Group Box	IDC_STATIC	可选课年级
复选框Check Box	IDC_CHECK_ONE	一年级
复选框Check Box	IDC_CHECK_TWO	二年级
复选框Check Box	IDC_CHECK_THREE	三年级
复选框Check Box	IDC_CHECK_FOUR	四年级
组合框Combo Box	IDC_COMBO_REFINEMENT	
列表视图控件List Control	IDC_LIST_COURSES	

③ 线框控件（Group Box）使用"Controls"工具栏上的线框控件工具，向对话框中添加两个线框控件，将其Caption属性分别设为"课程类别"和"可选课年级"。线框控件同静态文本控件一样，只是用来显示信息，也就是对每个分组按钮进行一些说明。

④ 单选按钮控件（Radio Button）。大家知道，单选按钮一般总是成组出现的，同一组单选按钮间互相排斥。在向对话框中添加单选按钮时，同一组单选按钮必须一个接一个地放进对话框中，中间不能插入其他控件。本例中，使用"Controls"工具栏上的单选按钮工具连续添加3个单选按钮控件到对话框中，按照表18.3设置它们的ID和Caption属性。

此时打开"MFC ClassWizard"对话框的"Member Variables"页面，在"Control IDs"列表中没有单选按钮控件的ID，所以必须将一组单选按钮中的第一个单选按钮的"Group"复选框属性选中。

下面打开第一个单选按钮控件的属性对话框，如图18.25所示，选中"Group"复选框。再打开"MFC ClassWizard"对话框的"Member Variables"页面，可在"Control IDs"列表中看到该单选按钮控件的ID，这样才能为它生成对应的成员变量。

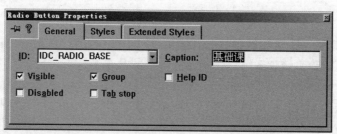

图18.25 "Radio Button Properties"对话框

⑤ 复选框控件（Check Box）使用"Controls"工具栏上的复选框控件工具，向对话框中添加4个复选框控件。

⑥ 列表框控件（List Box）。使用"Controls"工具栏上的列表框控件工具，向对话框中添加一个列表框控件。

⑦ 组合框控件（Combo Box）。使用"Controls"工具栏上的组合框控件工具，向对话框中添加一个组合框控件。按照表18.3设置它们的属性，选择它的属性对话框的"Data"页面，输入组合框的选项，换行要使用【Ctrl+Enter】组合键，如图18.26所示。

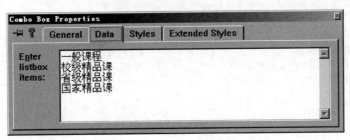

图18.26 组合框控件的属性对话框的"Data"选项卡

⑧ 列表视图控件（List Control）。列表视图控件用来成列地显示数据。列表视图控件是对传统的列表框的重大改进，它能够以大图标Icon、小图标Small Icon、列表List和报表Report四种格式显示数据。本例中选择"Report"，以报表形式显示列表中的项。

最后排列对话框上的控件，使其如图18.24所示，及时保存。编辑结束后，单击"Controls"工具栏上的"Test"按钮测试对话框的显示效果。

3. 编辑主对话框类

（1）为控件生成其对应的成员变量。在"MFC ClassWizard"对话框中选择"Member Variables"选项卡，从"Class name"中选择CCourseDlg类，从"Control IDs"列表中选择IDC_EDIT_NUMBER编辑框，单击"Add Variable"按钮，为IDC_EDIT_NUMBER编辑框生成对应的成员变量m_number，选Value类，数据类型为CString，后两项都是默认设置。

依次为对话框中的编辑框、组中的第一个单选按钮、复选框控件、列表框和组合框控件添加其对应的Value型成员变量，如表18.4所示。

表18.4 对话框中控件对应的成员变量

ID	Value型成员变量		Control型	
	变量名	类型	变量名	类名
IDC_EDIT_NUMBER	m_number	CString		
IDC_EDIT_NAME	m_name	CString		
IDC_LIST_COLLEGE	m_college	CString	m_list_college	CListBox
IDC_RADIO_BASE	m_type	int		
IDC_CHECK_ONE	m_grade1	BOOL		
IDC_CHECK_TWO	m_grade2	BOOL		
IDC_CHECK_THREE	m_grade3	BOOL		
IDC_CHECK_FOUR	m_grade4	BOOL		
IDC_COMBO_REFINEMENT	m_refinement	CString		
IDC_LIST_COURSES			m_list_courses	CListCtrl

为调用控件类的方法，为其中的列表框、列表视图控件分别定义了对应的控件型成员变量。所以列表框IDC_COLLEGE对应两个成员，一个是"Value"类型的"CString"数据类型的变量m_college，一个是"Control"类型的"CListBox"类的对象m_list_college。

（2）添加成员变量到对话框类中。为对话框类CCourseDlg添加一个整型int的成员变量m_position，用来记录列表视图控件的行数，并在构造函数中将其初始化为0。

（3）初始化对话框。由于对话框中包含有单选按钮、复选框、列表框和列表视图控件，需要对它们进行初始化，设置显示对话框时它们的状态。也就是在显示对话框时，一组单选按钮中要有一个单选按钮被选中，列表框中要有供用户选择的列表项。

对话框的初始化要在对话框类的成员函数OnInitDialog()中进行，则将该函数改为（粗体部分为添加的代码）：

```
BOOL CCourseDlg::OnInitDialog()
{
```

```
    CDialog::OnInitDialog();
    // Add "About..." menu item to system menu.
    // IDM_ABOUTBOX must be in the system command range.
    ASSERT((IDM_ABOUTBOX & 0xFFF0) == IDM_ABOUTBOX);
    ASSERT(IDM_ABOUTBOX < 0xF000);
    CMenu* pSysMenu = GetSystemMenu(FALSE);
    if (pSysMenu != NULL)
    {
        CString strAboutMenu;
        strAboutMenu.LoadString(IDS_ABOUTBOX);
        if (!strAboutMenu.IsEmpty())
        {
            pSysMenu->AppendMenu(MF_SEPARATOR);
            pSysMenu->AppendMenu(MF_STRING, IDM_ABOUTBOX, strAboutMenu);
        }
    }
    // Set the icon for this dialog.  The framework does this automatically
    //  when the application's main window is not a dialog
    SetIcon(m_hIcon, TRUE);         // Set big icon
    SetIcon(m_hIcon, FALSE);        // Set small icon
    // TODO: Add extra initialization here
    m_list_college.AddString ("机械学院");    //向列表框中添加列表选项
    m_list_college.AddString ("软件学院");
    m_list_college.AddString ("管理学院");
    m_list_college.AddString ("信息学院");
    m_list_college.AddString ("外语学院");
    m_list_college.AddString ("文理学院");
    m_list_college.AddString ("土木学院");
    m_list_college.AddString ("建筑学院");
    m_list_college.AddString ("电气学院");
    m_list_college.SetCurSel(0);           //设置列表中的第一项被选中
    m_type = 0;                            //设置这组单选按钮中的第一个被选中
    //设置列表视图控件的各列
    m_list_courses.InsertColumn(0,"课程号",LVCFMT_CENTER,50);
    m_list_courses.InsertColumn(1,"课程名称",LVCFMT_LEFT,100);
    m_list_courses.InsertColumn(2,"开课学院",LVCFMT_LEFT,80);
    m_list_courses.InsertColumn(3,"课程类别",LVCFMT_LEFT,60);
    m_list_courses.InsertColumn(4,"精品课",LVCFMT_LEFT,80);
    m_list_courses.InsertColumn(5,"可选课年级",LVCFMT_LEFT,150);
    UpdateData(FALSE);                     //将值传送到控件显示
    return TRUE;  // return TRUE  unless you set the focus to a control
}
```

函数中首先调用CListBox类的成员函数AddString向列表框中添加选项。列表框控件IDC_LIST_COLLEGE对应的成员变量m_college是CString型的，而只有CListBox类的对象才能调用其成员函数AddString。为此，前面我们曾经为该控件又生成了一个对应的成员变量m_list_college，它是CListBox类的一个对象，这样就可以调用该对象的成员函数AddString向列表框中添加选项了。由此可知，当需要调用控件类的方法来完成某项功能时，则要为该控件生成控件类对象作为其对应的成员变量，才能调用该控件类的方法。

函数中还调用了CListBox类的成员函数SetCurSel来设置列表框中默认选中的选项，参数为0，则默认第一项被选中。

将单选按钮组的成员变量m_type初始化为0，则第一个单选按钮"基础课"被选中。最后调用对话框的成员函数UpdateData将初始化后的值赋予控件显示出来，从而完成对话框的初始化。

（4）添加消息映射及消息映射成员函数。为"保存"按钮建立消息映射。下面为该函数的完整代码（粗体为添加的代码）：

```
void CCourseDlg::OnSave()
{
    // TODO: Add your control notification handler code here
    UpdateData();                                    //读取用户输入的数据
    m_list_courses.InsertItem(m_position,m_number);
    m_list_courses.SetItemText(m_position,1,m_name);
    m_list_courses.SetItemText(m_position,2,m_college);
    CString type[3]={"基础课","专业课","选修课"};
    m_list_courses.SetItemText(m_position,3,type[m_type]);
    m_list_courses.SetItemText(m_position,4,m_refinement);
    CString grade;
    if (m_grade1) grade+="一年级 ";
    if (m_grade2) grade+="二年级 ";
    if (m_grade3) grade+="三年级 ";
    if (m_grade4) grade+="四年级";
    m_list_courses.SetItemText(m_position,5,grade);
    m_position++;
}
```

4. 连接运行程序

编译无误后，连接生成可执行程序，最后运行程序。

通过本例，我们了解了线框控件、单选按钮控件、复选框控件、列表框控件及多行文本编辑框控件的使用，并且明确了如何利用控件所对应的控件类对象来调用控件类的方法，由此来实现其功能。

三、实验内容

（1）建立一个基于对话框的应用程序，输入 x 的值，用下列泰勒公式求 $\sin(x)$ 的近似值，精确到 10^{-6}。

$$\sin(x) \approx x - \frac{x^3}{3!} + \frac{x^5}{5!} - \frac{x^7}{7!} + \cdots + (-1)^{(n-1)} \frac{x^{(2n-1)}}{(2n-1)!}$$

（2）改进例18.1，在对话框上添加0到9十个数字按钮，允许用户通过单击这些数字按钮输入数据。

四、问题讨论

（1）改进例8.3的算术练习程序，在主对话框中每次检测用户输入的结果后，不仅显示当前这道题的对错，并显示用户练习的总题数和正确的数目。

（2）按照Windows附件中的计算器的形式改造例18.1，只有一个编辑框，并增加一个等于按钮，完成相应的运算。

实验十九 多对话框应用程序

一、实验目的

（1）掌握如何在程序中添加对话框：首先要添加一个对话框资源，然后添加与之对应的对话框类，再对该对话框类进行操作实现其功能，最后在打开它的控件所对应的消息映射函数中使用成员函数DoModal将其打开。

（2）掌握对话框的初始化及关闭对话框后如何获得用户输入的数据。

（3）学习掌握单选按钮、复选框、线框、列表框、组合框及列表框等控件的使用。

二、范例分析

【例19.1】下面为主教材例8.3添加一个设置对话框，如图19.1所示，由用户对运算种类和操作数的范围进行设置，在主对话框中根据用户的设置显示相应的运算表达式。

为此，首先要添加一个对话框资源并编辑成所需界面，然后添加与之对应的对话框类，并且编辑所添加的类实现与用户交互，最后实现该对话框的显示。

1. 添加对话框资源

首先添加对话框资源到项目中，并将新添加对话框的ID改为IDD_SET_DIALOG，Caption属性改为"设置"。

然后添加控件到对话框上，首先使用Controls工具栏上的"Group box"工具添加1个线框到对话框上，其Caption属性设为"运算"，然后在其中连续添加4个单选按钮。再添加1个线框控件到对话框上，其Caption属性设为"运算数"，在其中连续添加3个单选按钮。对话框上控件的种类、ID及Caption属性如表19.1所示。

图19.1 "设置"对话框

表19.1 设置对话框中的控件

控件	ID	Caption
线框	IDC_STATIC	运算
单选按钮	IDC_ADD	+
单选按钮	IDC_SUB	-
单选按钮	IDC_MUL	*
单选按钮	IDC_DIV	/
线框	IDC_STATIC	运算数
单选按钮	IDC_OPERAND1	10以内
单选按钮	IDC_OPERAND2	100以内
单选按钮	IDC_OPERAND3	1000以内
命令按钮	IDOK	确定
命令按钮	IDCANCEL	取消

打开单选按钮IDC_ADD的属性对话框，选中它的"Group"属性，如图19.2所示。而其后的IDC_SUB、IDC_MUL和IDC_DIV这三个单选按钮的"Group"属性不被选中，这样这四个单选按钮为一组，相互间会选择排斥。再将单选按钮IDC_OPERAND1的"Group"属性选中，使这三个单选按钮为一组。

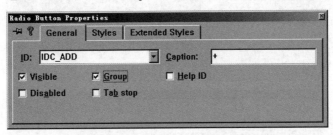

图19.2　单选按钮IDC_ADD的属性对话框

2．添加对话框类

注意所添加的设置对话框只是一个资源，如果要使这个对话框真正实现它的功能，必须在程序中定义一个使用这个资源的对话框类。

（1）添加对话框类。

添加对话框资源后，在打开"MFC ClassWizard"对话框时，会弹出"Adding a Class"对话框。选择"Create a new class"选项，单击"OK"按钮打开"New Class"对话框，在"Name"编辑框中输入类名：CSetDlg，"Base class"组合框中的基类为CDialog，"Dialog ID"组合框中为要添加对话框类的对话框资源的ID值IDD_SET_DIALOG。

单击"OK"按钮关闭"New Class"对话框，ClassWizard将创建CSetDlg类及存放其定义的头文件SetDlg.h和存放其实现过程的源文件SetDlg.cpp，可在项目工作区的ClassView和FileView选项卡下看到新添加的内容。

（2）为控件生成其对应的成员变量。

在"MFC ClassWizard"对话框中，选择"Member Variables"选项卡，从"Class name"中选择CSetDlg类，可看到"Control IDs"列表中的IDC_ADD和IDC_OPERAND1两个单选按钮的ID，为这两个单选按钮分别添加int型的成员变量m_operation和m_operand。

> **注意：**
> 因为只有"Group"属性被选中的单选按钮才会出现在"Control IDs"列表中，而IDC_ADD和IDC_OPERAND1这两个单选按钮的"Group"属性已被选中，所以它们能出现在"Control IDs"列表中。可将单选按钮IDC_ADD的"Group"属性去掉，再查看"Control IDs"列表，会发现列表中没有该控件的ID了。

（3）添加消息映射及消息映射成员函数。

设置对话框中只有IDOK和IDCANCEL两个命令按钮，而这两个按钮的消息映射在基类中有定义，所以CSetDlg类不需要进行消息映射及编写消息处理函数。

（4）初始化设置对话框。

如果不进行初始化，则设置对话框显示时两组单选按钮都没有被选中，所以要在OnInitDialog函数中进行初始化。在项目工作区中展开新添加的CSetDlg类，会发现其中没有OnInitDialog成员函数。

OnInitDialog函数是WM_INITDIALOG消息的处理函数，下面在CSetDlg类中为该消息映射处理函数。打开ClassWizard对话框，在"MFC ClassWizard"对话框中选择"Message Maps"选项卡，在"Class Name"组合框中选择CSetDlg为操作的类名，在"Object IDs"列表中单击CSetDlg项，为设置对话框添加一个消息映射。此时"Messages"列表框中显示出消息列表，从中选择WM_INITDIALOG项，这时右侧的"Add Function"按钮转为激活状态。单击该按钮，则在"Member Functions"列表框中增加了一个成员函数OnInitDialog，如图19.3所示。

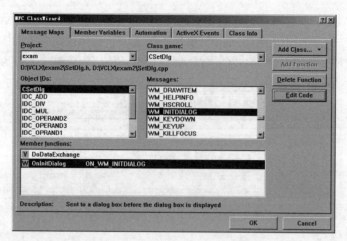

图19.3 "MFC ClassWizard" 对话框

此时单击"MFC ClassWizard"对话框中的"Edit Code"按钮，在OnInitDialog函数中添加初始化代码（粗体为添加的代码）：

```
BOOL CSetDlg::OnInitDialog()
{
    CDialog::OnInitDialog();

    // TODO: Add extra initialization here
    m_operation=0;
    m_operand=0;
    return TRUE;       // return TRUE unless you set the focus to a control
                       // EXCEPTION: OCX Property Pages should return FALSE
}
```

（5）编译SetDlg.cpp源文件，编译无错后，保存并关闭文件。

3. 启动设置对话框

（1）为CExamDlg类添加两个成员变量。

因为要处理不同的运算种类和运算数范围，所以要在CExamDlg类中添加两个整型成员变量m_operation和m_operand。m_operation中的值代表不同的运算：0代表加法、1为减法、2为乘法、3为除法。m_operand中的值表示运算数的范围，可能的值为10、100和1000。在构造函数中对它们进行初始化：

```
m_operation=0;
m_operand=10;
```

则主对话框的初始表达式为10以内加法运算。

（2）启动设置对话框。

我们通过主对话框上的一个命令按钮来启动设置对话框。打开主对话框IDD_EXAM_DIALOG，在其中添加一命令按钮，将其Caption属性设为"设置"，ID设为"IDC_SET"。然后为该按钮建立"单击"消息映射函数OnSet。最后为该函数添加代码：

```
void CExamDlg::OnSet()
{
    // TODO: Add your control notification handler code here
    CSetDlg set;                              //创建CSetDlg类的对象set
    if (set.DoModal()==IDOK)                  //按模态方式打开对话框
    {    //如果用户是单击"确定"按钮关闭的对话框，则返回值为IDOK
        m_operation=set.m_operation;          //获得用户选择的运算种类
        m_operand=1;
        for (int i=0;i<=set.m_operand;i++)
            m_operand*=10;
        CreateExp();                          //根据设置重新生成表达式
```

}
}
因为用到了CSetDlg类，同样要将有其定义的头文件SetDlg.h包含进来：
```
#include "setdlg.h"
```
（3）因为要生成加、减、乘、除四种运算的表达式，需要修改CreateExp函数为：
```
void CExamDlg::CreateExp()
{
    int operand1,operand2=0;
    operand1=rand()%m_operand;
    while(!operand2)                          //第2个运算数不能为0
        operand2=rand()%m_operand;
    switch (m_operation)
    {
    case 0:     m_key=operand1+operand2;
                m_expression.Format("%d+%d=",operand1,operand2);
                break;
    case 1:     if (operand1<operand2) {int t=operand1;operand1=operand2;operand2=t;}
                m_key=operand1-operand2;
                m_expression.Format("%d-%d=",operand1,operand2);
                break;
    case 2:     m_key=operand1*operand2;
                m_expression.Format("%d*%d=",operand1,operand2);
                break;
    case 3:     m_key=operand1/operand2;
                m_expression.Format("%d/%d=",operand1,operand2);
    }
    UpdateData(false);
    m_editans.SetFocus();
    m_editans.SetSel(0,-1);
    m_answer=0;
}
```
函数中对除法的处理过于简单了，如果是小学生的运算练习，应保证能整除，请读者完成这一工作。

编译、连接无误后运行程序，可单击主对话框上的"设置"按钮打开"设置"对话框，改变运算种类或运算数范围，返回主对话框后会显示所设置的表达式。

4．对设置对话框的改进

（1）修改CSetDlg类的构造函数。

在使用"设置"对话框时会发现，每次打开"设置"对话框，选中的都是"加法"和"10以内"，而不是当前的运算种类和运算数范围。这是因为在CSetDlg类的OnInitDialog函数中将它们固定赋值为0，为使它们显示当前的选项，将OnInitDialog函数中的初始化语句去掉。在构造函数中添加两个参数，作为成员变量m_operation和m_operand的初值。为此：

① 打开CSetDlg类的头文件SetDlg.h，修改构造函数的原型声明为：
```
CSetDlg(int operation,int operand,CWnd* pParent = NULL);
```
② 打开CSetDlg类的源文件SetDlg.cpp，修改CSetDlg类的构造函数为（粗体为添加的代码）：
```
CSetDlg::CSetDlg(int operation,int operand,CWnd* pParent /*=NULL*/)
    : CDialog(CSetDlg::IDD, pParent)
{
    //{{AFX_DATA_INIT(CSetDlg)
    m_operation = operation;
    m_operand = operand;
    //}}AFX_DATA_INIT
}
```

（2）修改CExamDlg类的OnSet函数。

在CExamDlg类的OnSet函数中创建了CSetDlg类的对象set，因为CSetDlg类的构造函数需要两个参数，所以在创建CSetDlg类对象set时必须提供参数。修改后的OnSet函数为（粗体为添加或修改的代码）：

```
void CExamDlg::OnSet()
{
    // TODO: Add your control notification handler code here
    int operand;
    switch(m_operand)
    {
    case 10:operand=0;break;
    case 100:operand=1;break;
    case 1000:operand=2;
    }
    CSetDlg set(m_operation,operand);
    if (set.DoModal()==IDOK)
    {
        m_operation=set.m_operation;
        m_operand=1;
        for (int i=0;i<=set.m_operand;i++)
            m_operand*=10;
        CreateExp();
    }
}
```

运行程序，会发现每次打开"设置"对话框时，显示的是当前的运算种类和运算数范围。

【例19.2】创建一个基于对话框的学生信息管理程序，可实现学生信息的输入和查询。其主对话框界面如图19.4（a）所示，主要实现查询功能，根据用户输入的学号来查询学生信息；并设置了一个按钮"输入学生信息"来打开"输入学生信息"对话框，如图19.4（b）所示。所以本程序中除了需要AppWizard自动生成的主对话框外，还要由程序员添加一个对话框用来完成输入。

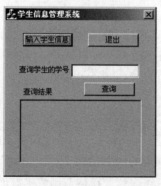
（a）主对话框

（b）输入对话框

图19.4 学生信息管理应用程序中的对话框

1. 创建基于对话框的应用程序框架

按照上例的操作过程，利用MFC AppWizard创建基于对话框的应用程序框架。应用程序名为：Student。本程序中管理的学生信息包括：学号、姓名、性别、所属学院及是否是特长生、是否少数民族和是否本省学生等一些信息，打开StudentDlg.h文件，在预处理指令后输入下面结构体的定义：

```
struct SStudent
{
    CString Stu_Number;              //学号
    CString Stu_Name;                //姓名
    CString Stu_Institute;           //学院
    int Stu_Sex;                     //性别（0表示男，1表示女）
```

```
    BOOL Stu_Strong;              //是否特长生
    BOOL Stu_Minority;            //是否少数民族
    BOOL Stu_Mainland;            //是否本省学生
};
```
然后在CStudentDlg类中添加两个静态公有成员变量,用来存储学生信息及记录存储的学生数量:
```
public:
    static int m_nStuCount;                //存储的学生数量
    static SStudent m_Students[100];       //存储学生信息
```
最后在StudentDlg.cpp源文件中对这两个静态成员变量进行初始化。在CStudentDlg类的函数定义前输入:
```
int CStudentDlg::m_nStuCount=0;
SStudent c;
SStudent CStudentDlg::m_Students[]={c};
```

2. 编辑主对话框资源

(1) 设置对话框ID_STUDENT_DIALOG的"Caption"属性为"学生信息管理系统"。

(2) 参照图19.4(a)和表19.2中的控件描述,删除原有的不需要的控件,添加控件,并按表19.2所示设置控件的ID和Caption属性。

这里要注意IDC_RESULT编辑框控件的属性设置,因为该控件用来存放查询结果,信息较多,而且不需用户修改。在其属性对话框中选择"Styles"选项卡,选中"Multiline""Want return"和"Read-only"三个复选框,使其具有多行、接收回车和只读属性,如图19.5所示。

表19.2 例19.2主对话框界面中控件的ID和Caption属性

控件	ID	Caption
命令按钮	IDC_INPUT	输入学生信息
命令按钮	IDC_QUERY	查询
命令按钮	IDCANCEL	退出
编辑框	IDC_NUMBER	
编辑框	IDC_RESULT	
静态文本	IDC_STATIC	查询学生的学号
静态文本	IDC_STATIC	查询结果

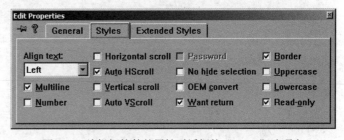

图19.5 编辑框控件的属性对话框的"Styles"选项卡

3. 添加输入对话框

(1) 添加对话框资源。

① 在项目工作区中选择"Resource View"选项卡,展开后在Dialog对话框资源夹上右击,在快捷菜单中选择"Insert Dialog"菜单项。此时Visual C++生成一个包含有"OK"和"Cancel"两个按钮的默认对话框,新建对话框设定的ID值为IDD_DIALOG1,并在右面的资源编辑器中被打开供程序员进行编辑。

② 编辑新对话框。首先打开新添加对话框的属性对话框,将其ID值改为IDD_INPUT,Caption属性改为:"输入学生信息"。

参照图19.4(b)和表19.3中的控件描述,删除原有的不需要的控件,添加控件,并按表19.3所示设置控件的ID和Caption属性。

注意要将单选按钮IDC_RADIO_BOY的

表19.3 例19.2输入对话框中控件的ID和Caption属性

控件	ID	Caption
命令按钮	IDC_SAVE	保存
命令按钮	IDCANCEL	结束
静态文本	IDC_STATIC	学号
静态文本	IDC_STATIC	姓名
静态文本	IDC_STATIC	学院
编辑框	IDC_EDIT_NUMBER	
编辑框	IDC_EDIT_NAME	
列表框	IDC_LIST_INSTITUTE	
线框	IDC_STATIC	性别
单选按钮	IDC_RADIO_BOY	男
单选按钮	IDC_RADIO_GIRL	女
线框	IDC_STATIC	其他
复选框	IDC_CHECK_STRONG	特长生
复选框	IDC_CHECK_MINORITY	少数民族
复选框	IDC_CHECK_MAINLAND	本省

"Group"属性选中，以便于为其添加对应的成员变量。

编辑结束后，单击Dialog工具栏上的Test按钮可以测试对话框的显示效果。

（2）添加对话框类。

① 添加对话框类。对话框IDD_INPUT打开在资源编辑器窗口中，按下【Ctrl+W】组合键打开"MFC ClassWizard"对话框时会弹出"Adding a Class"对话框，选中"Create a new class"单选项，为对话框创建一个新类。

单击"OK"按钮关闭"Adding a Class"对话框，弹出的"New Class"对话框如图19.6所示。在Name编辑框中输入类名：CInputDlg，基类为CDialog不变。

② 为控件生成其对应的成员变量。在"MFC ClassWizard"对话框中选择"Member Variables"选项卡，从"Class name"中选择CInputDlg类，从"Control IDs"列表中选择IDC_EDIT_NUMBER文本编辑框，单击"Add Variable"按钮，为IDC_EDIT_NUMBER文本编辑框生成对应的成员变量m_sNumber，选Value类，数据类型为CString，后两项都是默认设置。

依次为对话框中的编辑框控件、组中的第一个单选按钮、复选框控件和列表框控件添加其对应的成员变量，其中为列表框控件生成了两个对应的成员变量，一个是"Value"类型的"CString"数据类型的变量m_sInstitute，一个是"Control"类型的"CListBox"类的对象m_List_Institute，如图19.7所示。

③ 控件的初始化。要对对话框中包含的单选按钮控件、复选框控件和列表框控件等进行初始化。

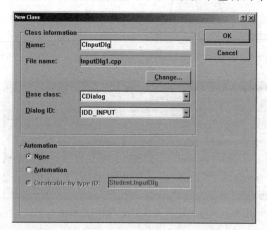
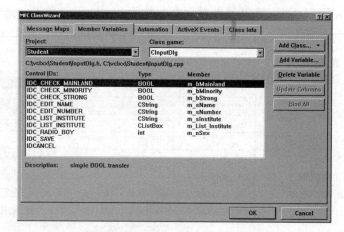

图19.6 "New Class"对话框　　　　　　图19.7 "MFC ClassWizard"对话框

首先在"MFC ClassWizard"对话框中重定义派生类CInputDlg的虚成员函数OnInitDialog。下面是OnInitDialog()函数的完整代码，其中粗体部分为添加的代码：

```
BOOL CInputDlg::OnInitDialog()
{
    CDialog::OnInitDialog();

    // TODO: Add extra initialization here
    m_List_Institute.AddString("机械学院");      //向列表框中添加列表选项
    m_List_Institute.AddString("软件学院");
    m_List_Institute.AddString("管理学院");
    m_List_Institute.AddString("信息学院");
    m_List_Institute.AddString("外语学院");
    m_List_Institute.AddString("文理学院");
    m_List_Institute.AddString("土木学院");
    m_List_Institute.AddString("建筑学院");
    m_List_Institute.AddString("电气学院");
    m_List_Institute.SetCurSel(0);               //设置列表中的第一项被选中
    m_nSex = 0;                                  //默认性别为男
    UpdateData(FALSE);                           //将值传送到控件显示
```

```
    return TRUE;  // return TRUE unless you set the focus to a control
                  // EXCEPTION: OCX Property Pages should return FALSE
}
```

前面为列表框控件生成了CListBox类的对象m_List_Institute，这样就可以调用该对象的成员函数AddString向列表框中添加选项了。

④ 添加消息映射及消息映射成员函数。结束按钮不必修改，使用其默认设置即可。

为保存按钮建立消息映射和映射函数OnSave()。下面为该函数的完整代码，其中粗体部分为添加的代码：

```
void CInputDlg::OnSave()
{
    // TODO: Add your control notification handler code here
    int nStuCount = CStudentDlg::m_nStuCount;        //存放学生信息数量
    BOOL bExist = FALSE;
    UpdateData();                                    //读取用户输入的学生信息
    for (int i=0;i<nStuCount;i++)                    //将输入的学号依次与数组中存储的学号比较
        if (CStudentDlg::m_Students[i].Stu_Number == m_sNumber)
        {                                            //找到相同的学号
            bExist = TRUE;
            MessageBox("该学生的学号已经存在！请重新输入！");
            break;
        }
    if (bExist == FALSE)
    {                                                //没找到相同的学号
        if (nStuCount < 100)
        {        //数组未满，存入数组
            SStudent *pStu = CStudentDlg::m_Students + nStuCount;
            pStu->Stu_Number = m_sNumber;
            pStu->Stu_Name = m_sName;
            pStu->Stu_Sex = m_nSex;
            pStu->Stu_Institute = m_sInstitute;
            pStu->Stu_Strong = m_bStrong;
            pStu->Stu_Minority = m_bMinority;
            pStu->Stu_Mainland = m_bMainland;
            CStudentDlg::m_nStuCount++;              //个数加1
                //清空编辑框等以便于用户输入下一个学生的信息
            m_sNumber = m_sName = m_sInstitute = "";
            m_bStrong = m_bMinority = m_bMainland = 0;
            m_nSex = 0;
            m_List_Institute.SetCurSel(0);           //设置列表中的第一项被选中
            UpdateData(FALSE);
        }
        else
            MessageBox("存放的学生信息已超过100条，不能再增加学生信息！");
    }
}
```

在OnSave函数中调用了CStudensDlg类的静态成员变量，因此在InputDlg.cpp源文件的文件包含指令后输入：

```
#include "StudentDlg.h"
```

输入结束后，编译InputDlg.cpp源文件，编译无误后，保存并关闭该文件。

4. 在主对话框中启动输入对话框

（1）打开输入对话框。在主对话框IDD_STUDENT_DIALOG中，为"输入学生信息"按钮建立消息映射和消息映射函数，并添加实现代码打开输入学生信息对话框。

下面为OnInput()函数的完整代码，其中粗体部分为要添加的代码。

```
void CStudentDlg::OnInput()
{
```

```
        // TODO: Add your control notification handler code here
    CInputDlg InputDlg;
    InputDlg.DoModal();
}
```

（2）添加成员变量。为主对话框中的两个编辑框控件IDC_NUMBER和IDC_RESULT添加对应的成员变量m_sNumber和m_sResult。

（3）实现查询功能。为"查询"按钮建立消息映射和映射函数，其映射函数OnQuery()的代码如下，其中粗体部分为要添加的代码。

```
void CStudentDlg::OnQuery()
{
        // TODO: Add your control notification handler code here
    BOOL bSuccess = FALSE;                           //定义变量标记是否找到要查询的学生
    UpdateData();                                    //获取学号
    for (int i=0;i<m_nStuCount;i++)                  //依次与数组中存储的学号进行比较
        if (m_Students[i].Stu_Number == m_sNumber)
        {                                            //找到
            bSuccess = TRUE;
            m_sResult = "学号："      + m_Students[i].Stu_Number
                + "\r\n姓名："      + m_Students[i].Stu_Name
                + "\r\n学院："+ m_Students[i].Stu_Institute
                + "\r\n性别："+ (m_Students[i].Stu_Sex?"女":"男")
                + "\r\n其它：";
            if (m_Students[i].Stu_Strong)  m_sResult += "特长生   ";
            if (m_Students[i].Stu_Minority)        m_sResult += "少数民族   ";
            if (m_Students[i].Stu_Mainland)        m_sResult += "本省   ";
            UpdateData(FALSE);//将找到的学生信息显示到多行编辑框控件中
            break;
        }
    if (!bSuccess)
        MessageBox("没有该学生信息！");
}
```

在StudentDlg.cpp文件的文件包含指令后输入指令：
```
#include "InputDlg.h"
```

5. 连接运行程序

编译无误后，连接生成可执行程序，最后运行程序。

三、实验内容

（1）增加实验十八中例18.2的功能：在主对话框中添加"关于"按钮，单击该按钮打开"关于"对话框；再添加一个登录对话框，当输入的用户名和密码正确后，才能打开主对话框进行操作。

（2）修改例19.2，使用户在输入对话框中单击"保存"按钮保存信息后，将输入焦点移到学号编辑框控件。

四、问题讨论

（1）修改例19.2，在启动程序打开主对话框时，使"查询"按钮和"学号"编辑框处于禁止状态；并且只有当数组中存有学生信息后，这两个控件才能处于激活状态。

（2）将三、实验内容第（1）题中登录对话框的输入次数进行限制，当3次输入错误后，结束程序。

实验二十 菜单

一、实验目的

（1）掌握向应用程序中添加菜单的操作过程。
（2）熟悉在菜单编辑器中对菜单进行的可视化操作：设置菜单的属性；删除、添加、移动和复制菜单项等。
（3）掌握如何为菜单项建立消息映射和消息映射函数。

二、范例分析

【例20.1】 为实验十九中的例19.2添加菜单到程序运行时的主对话框窗口中。

1. 添加浏览对话框

（1）添加如图20.1所示的浏览对话框资源。

① 打开Student项目后，在项目工作区中选择Resource View选项卡，展开后在Dialog对话框资源夹上右击，在快捷菜单中选择"Insert Dialog"菜单项。

② 编辑新对话框。首先打开新添加对话框的属性对话框，将其ID值改为IDD_BROWSE，Caption属性改为："学生信息浏览"。

浏览对话框中包括三个控件，如图20.1所示，按表20.1所示设置控件的ID和Caption属性。

表20.1 浏览对话框中控件的ID和Caption属性

控件	ID	Caption
命令按钮	IDCANCEL	关闭
静态文本	IDC_STATIC	学生信息
列表框	IDC_LBROWSE	无

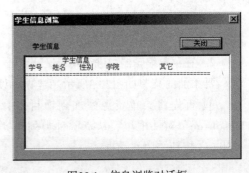

图20.1 信息浏览对话框

注意在设置列表框控件IDC_LBROWSE的属性时，在"Styles"选项卡中，要选中"Multi-column"、"Horizontal scroll"和"Use tabstops"属性以便于显示存储的学生信息，如图20.2所示。编辑结束后，单击Dialog工具栏上的Test按钮可以测试对话框运行的效果。

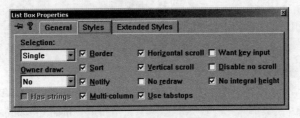

图20.2 列表框控件属性对话框的"Styles"选项卡

（2）对话框类。

① 为添加的对话框资源IDD_BROWSE添加对应的对话框类CBrowseDlg，基类为CDialog。

② 为对话框中的列表框控件IDC_LBROWSE生成对应的成员变量m_LBrowse，选"Control"类，数据类型为"CListBox"。

③ 列表框控件IDC_LBROWSE的初始化。控件的初始化要在对话框类CBrowseDlg的成员函数OnInitDialog()中进行。首先在"MFC ClassWizard"对话框中重定义派生类CBrowseDlg的虚成员函数OnInitDialog，然后打开该函数添加代码。下面是OnInitDialog()函数的完整代码，其中粗体部分为添加的代码：

```
BOOL CBrowseDlg::OnInitDialog()
{
    CDialog::OnInitDialog();

    // TODO: Add extra initialization here
    CString sItem;
    m_LBrowse.AddString("\t\t\t学生信息");
    m_LBrowse.AddString(" 学号\t姓名\t性别\t学院\t\t其他");
    m_LBrowse.AddString("=========================================");

    for (int i=0;i<CStudentDlg::m_nStuCount;i++)
    {
        SStudent *pStu = CStudentDlg::m_Students + i;
        sItem = pStu->Stu_Number;
        sItem += "\t" + pStu->Stu_Name;
        sItem += "\t" + CString((pStu[0].Stu_Sex) ? "女" : "男");
        sItem += "\t" + pStu->Stu_Institute + "\t";
        if (pStu->Stu_Strong)      sItem += "特长生  ";
        if (pStu->Stu_Minority)    sItem += "少数民族  ";
        if (pStu->Stu_Mainland)    sItem += "本省";
        m_LBrowse.AddString(sItem);
    }
    UpdateData(FALSE);

    return TRUE;  // return TRUE unless you set the focus to a control
                  // EXCEPTION: OCX Property Pages should return FALSE
}
```

2. 在菜单编辑器中进行菜单设计

要添加的菜单如图20.3所示。建立、设计菜单。

① 首先将菜单资源添加到项目中。选择"Insert"→"Resource"菜单命令，在弹出的"Insert Resource"对话框里，从资源种类列表"Resource Types"中选择"Menu"选项，如图20.4所示，单击"New"按钮关闭对话框。

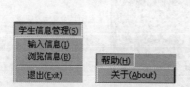

图20.3　程序中的菜单

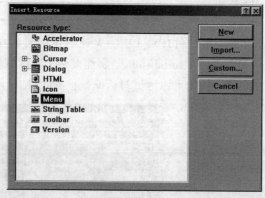

图20.4　"Insert Resource"对话框

关闭对话框后，Visual C++创建一菜单资源到项目中，并在窗口右面的菜单编辑器中将其打开供程序员进行编辑。此时可在项目工作区窗口的ResourceView页面中看到该菜单资源，系统为其设置的默认ID值为IDR_MENU1。

② 编辑菜单。在菜单编辑窗口的空白处右击，从快捷菜单中选择"Properties"命令，打开菜单的属性对话框，将它的ID值改为IDR_MENU_STUDENT。

双击菜单栏最左边带虚框的矩形框，打开该菜单项的"Menu Item Properties"菜单项属性对话框。该菜单项的Pop-up复选框默认选中，说明它是弹出式菜单项，在Caption编辑框中输入菜单名"学生信息管理(&S)"，关闭对话框。

双击"学生信息管理(&S)"菜单项下面的矩形框，打开它的"Menu Item Properties"对话框，如图20.5所示。将其ID值改为IDC_INPUT，在Caption编辑框中输入菜单名"输入信息(&I)"。按照上述操作过程，依据表20.2中列出的菜单项的Caption和ID等属性，在菜单编辑器中完成图20.3所示菜单的设计。

表20.2　菜单栏中每个菜单项的属性

Caption	ID值	需选中的复选框
学生信息管理(&S)		Pop-up
输入信息(&I)	IDC_INPUT	
浏览信息(&Q)	IDD_BROWSE	
无		Separator
退出(&Exit)	IDCANCEL	
帮助(&H)		Pop-up
关于(&About)	ID_HELP_ABOUT	

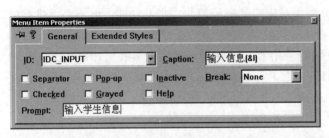

图20.5　"Menu Item Properties"对话框

3. 为菜单关联一个类

本例中的菜单要显示在对话框IDD_STUDENT_DIALOG中，并且它将调用对话框类CStudentDlg中的一些成员，所以要把这个菜单与对话框类CDialog的派生类CStudentDlg相关联。

（1）当菜单打开在编辑窗口时，按下【Ctrl+W】组合键打开"MFC ClassWizard"对话框时会弹出"Adding a Class"对话框，如图20.6所示。在"Adding a Class"对话框中选择"Select an existing class"选项，为菜单资源IDR_MENU_STUDENT选择一个已经存在的类进行关联，而不是生成一个新类。

（2）在接下来弹出的"Select Class"对话框中，选择CStuedntDlg类与菜单关联，如图20.7所示，单击"Select"按钮关闭对话框。

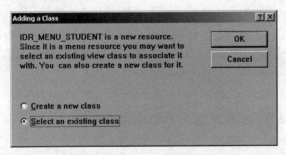　　

图20.6　"Adding a Class"对话框　　　　图20.7　"Select Class"对话框

此时回到ClassWizard对话框，可看到CStuedntDlg类的"Object IDs"列表中增加了菜单资源中所有菜单项的ID标识，这样就实现了菜单资源IDR_MENU_STUDENT到CStuedntDlg类的关联。

4. 关联菜单到应用程序的主窗口

打开主对话框IDD_STUDENT_DIALOG的"Dialog Properties"对话框，如图20.8所示，单击"Menu"组合框中的下三角按钮，从下拉列表中选择IDR_MENU_STUDENT菜单资源，关闭对话框。这样就使得菜单资源IDR_MENU_STUDENT与应用程序的IDD_STUDETN_DIALOG对话框窗口建立了关联。

图20.8 "Dialog Properties" 对话框

5. 为菜单项建立消息映射和映射函数

现在，菜单IDR_MENU_STUDENT与CStudentDlg类和IDD_STUDENT_DIALOG对话框窗口都实现了关联。此时运行程序，菜单即显示在主对话框中，如果用户选择菜单，将有消息发送到应用程序。

因为将"输入信息"和"退出"菜单项的ID标识设置成与对话框上的"输入学生信息"和"退出"按钮的ID值相同，所以用户选择菜单而发送的消息会调用对应的映射函数，实现其功能，就不必再进行处理了。

在ClassWizard对话框中为"关于"菜单项建立消息映射和消息映射函数时，要在"Class name"中选择CStudentDlg类，在"Object IDs"列表中选择ID_HELP_ABOUT（"关于"菜单项的ID标识），在"Messsages"列表框中选择COMMAND消息，单击右边的"Add Function"按钮即可。其函数代码为：

```
void CStudentDlg::OnHelpAbout()
{
    // TODO: Add your command handler code here
    CAboutDlg HelpAbout;
    HelpAbout.DoModal();
}
```

同样的，为"浏览信息"菜单项建立消息映射和消息映射函数，其函数代码为：

```
void CStudentDlg::OnBrowse()
{
    // TODO: Add your command handler code here
    CBrowseDlg BrowseDlg;
    BrowseDlg.DoModal();
}
```

输入结束后，编译、连接并运行程序，此时可通过菜单驱动程序的某项功能。

三、实验内容

为教材第八章例8.3中的主对话框添加一个菜单，其中的"设置"菜单中设置运算种类和运算数范围。

四、问题讨论

为例20.1增加"排序"菜单项及相应的对话框，实现对存储的学生信息的排序。

实验二十一 创建单文档应用程序

一、实验目的

（1）熟悉使用MFC AppWizard创建单文档界面SDI应用程序框架的操作过程。
（2）掌握如何在资源编辑器中对SDI应用程序框架中包含的资源进行可视化的编辑。
（3）学习如何在视图中接受用户操作及显示文档中的数据。
（4）学习如何实现文档数据的磁盘存取。

二、范例分析

【例21.1】 创建一个单文档应用程序，在窗口的中央显示一行文本"您好！让我们开始单文档程序设计！"。并且利用"文件"→"保存"菜单命令将显示内容存盘，利用"文件"→"打开"命令将盘上的文本文件显示在窗口中央，利用"编辑"→"修改文本"命令重写显示内容。

1. 创建单文档界面SDI应用程序

使用MFC AppWizard创建SDI应用程序的过程为：

（1）在Visual C++中，选择"File"→"New"菜单命令，弹出"New"对话框。

（2）在"New"对话框中选择"Projects"选项卡，如图21.1所示。从项目类型清单中选择"MFC AppWizard (exe)"；在"Project name"下的文本框中输入新建项目名，这里为"Text"；在"Location"中显示出项目文件所在的文件夹，可根据所用计算机的具体情况修改存放位置；单击"OK"按钮进入MFC AppWizard。

（3）第一个应用程序向导对话框"MFC AppWizard – Step 1"如图21.2所示。选择"Single Document"应用程序类型，生成单文档界面SDI应用程序；确保选中"Document/View architecture support"复选框（默认选中），从而产生存放和浏览程序数据的类并提供读取或写入磁盘数据的代码；采用的语言选择"中文[中国](APPWZCHS.DLL)"；单击"Next"进入下一步。

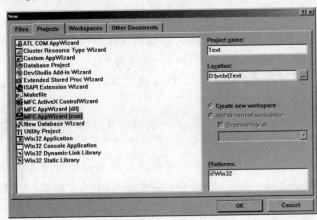

图21.1 "New"对话框

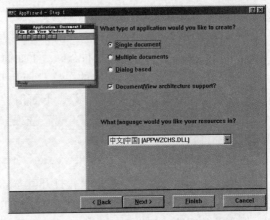

图21.2 "MFC AppWizard–Step 1"对话框

（4）在"MFC AppWizard – Step 2"到Step 5对话框中均选择默认设置即可。

（5）在"MFC AppWizard – Step 6 of 6"对话框中显示了应用程序向导将要为应用程序派生的视图类、应用类、框架窗口类和文档类等四个类的有关信息：它的基类、存放类定义的头文件和存放其实现过程的源文件等，如图21.3所示。

由MFC AppWizard将要为本应用程序Text生成的CTextView、CTextApp、CMainFrame和CTextDoc四个类的类名显示在对话框上部的列表中。列表中的CTextView类被选中，下面显示了该类的类名CTextView、基类名CView以及存放其定义和实现过程的文件名（头文件TextView.h和源文件TextView.cpp），如需要，可在相应的编辑框中进行修改。选中列表中的其他类，下面则显示该类的有关信息，可以根据需要进行修改。

一般只根据程序的需要修改将为程序派生的视图类的基类。本例不做修改，使用系统给定的类名和文件名即可，单击"Finish"按钮，结束创建项目的有关设置。

（6）最后出现"New Project Information"对话框，根据用户的选择，显示将要创建的新项目的基本信息，如图21.4所示。如果对其中的某些选择不满意，可单击"Cancel"按钮，返回到向导对话框重新选择；如果确定了创建新项目的选择，单击"OK"按钮。

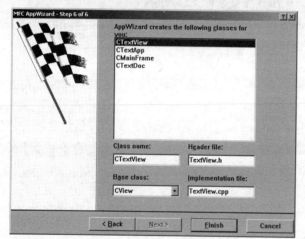
图21.3 "MFC AppWizard–Step 6 of 6"对话框

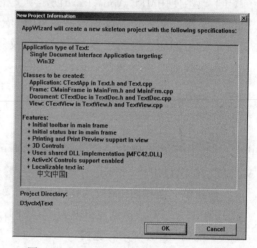
图21.4 "New Project Information"对话框

至此，MFC AppWizard为SDI应用程序Text生成应用程序的基本框架。在工作区窗口的三个选项卡中展开文件夹，查看应用程序框架中包含的类、资源和文件。

此时即可连接并运行程序，但不能完成什么实际操作。"文件"菜单中的"新建"、"最近文件"和"退出"命令、"查看"菜单中的"工具栏"和"状态栏"命令、"帮助"菜单中的"关于"命令等的功能已经实现。"文件"菜单中的"打开"、"保存"和"另存为"命令实现了部分功能，能打开对话框选择文件，但不能实现实际的磁盘文件的存取操作。

2. 主框架窗口及资源编辑

运行刚创建的应用程序Text，可看到应用程序的框架窗口，同一般的文档操作程序一样，包括有标题栏、菜单栏、工具栏、工作区和状态栏。下面简单地对程序中的这些资源进行一些编辑。

（1）菜单设计。刚刚生成的单文档应用程序Text的菜单中包含了文档操作的常用菜单项，如"文件""编辑""查看"和"帮助"等，下面稍做修改来完成应用程序的要求。

在工作区窗口打开"ResourceView"选项卡，展开"Menu"，双击"IDR_MAINFRAME"菜单，在菜单编辑器中将其打开。

在菜单编辑窗口，单击"编辑"菜单，打开其子菜单，保留"撤销"菜单项，将其余项删除（包括一分隔线）。双击"撤销"菜单项，打开其"Menu Item Properties"对话框，将Caption中的"撤销"改为"修改文本(&M)…"，将ID改为"ID_EDIT_MODIFY"，在"Prompt"中输入"修改显示的内容"。

保存并关闭菜单编辑窗口。此时运行程序，可在程序窗口中看到修改后的菜单。

（2）工具栏的编辑。为编辑框架窗口中的工具栏，在项目工作区窗口中打开"ResourceView"选项卡，展开"Toolbar"，双击"IDR_MAINFRAME"工具栏，在工具栏编辑器中将其打开，同时"Graphics"和"Colors"工具栏在右边打开供编辑时使用。可看到在编辑窗口中的工具栏，上部是整个工具栏，下面是当前编辑的工具栏中的某个按钮，可使用"Graphics"和"Colors"工具栏中的绘图按钮对它进行编辑。

依次将"复制""粘贴"按钮移出工具栏外将它们删除。单击"剪切"按钮选中，按键盘上的【Delete】键清除按钮上的内容。使用"Graphics"工具栏中的Text A工具插入一个字符"M"，效果如"M"。然后双击该按钮打开它的"Toolbar Button Properties"对话框，如图21.5所示，在ID组合框的下拉列表中选择ID_EDIT_MODIFY为它的ID值，则"Prompt"中为"修改显示的内容"。

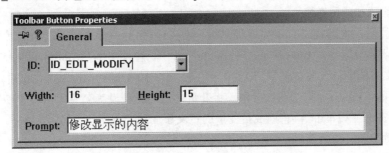

图21.5 "Toolbar Button Properties"对话框

（3）图标的编辑。在项目工作区窗口打开"ResourceView"选项卡，展开"Icon"图标夹，双击"IDR_MAINFRAME"或"IDR_RECTANTYPE"图标将其在编辑窗口中打开，可使用同时打开的"Graphics"和"Colors"工具对其进行编辑。

（4）对话框的编辑。

① 关于对话框。本例中包含了一个"关于"对话框，它是MFC AppWizard在创建应用程序时自动生成的。打开应用程序框架中的IDD_ABOUTBOX对话框，修改其中某些控件的显示内容，还可以添加一些控件用来显示本应用程序及其编制者的有关信息。

MFC AppWizard在创建应用程序时不仅自动生成了"关于"对话框资源还生成了其对应的类，而且在"关于"菜单项中建立了消息映射函数来打开关于对话框。在项目工作区窗口打开"ClassView"选项卡，可看到MFC AppWizard生成的CAboutDlg类。展开"CTextApp"类，可见其为"帮助"中的"关于"菜单项建立的消息映射函数OnAppAbout()，双击该函数，则在编辑窗口打开的源文件Text.cpp中可看到该函数的实现代码，就是定义一个CAboutDlg类的对象aboutDlg，再调用其成员函数DoModal()将对话框打开。该函数的实现代码为：

```
void CTextApp::OnAppAbout()
{
    CAboutDlg aboutDlg;
    aboutDlg.DoModal();
}
```

② 输入文本对话框。为程序要添加的对话框如图21.6所示。选择"Insert"→"Resource"菜单命令，在打开的"Insert Resource"对话框中选择"Dialog"，单击"OK"按钮关闭对话框，添加一对话框资源。

设置所添加的对话框的属性，设其ID值为IDD_MODIFY_DIALOG，"Caption"属性为"输入文本"。

添加一编辑框控件，按表21.1所示设置控件属性，并编辑对话框如图21.6所示，保存。

图21.6 "输入文本"对话框

打开"Class Wizard"对话框时弹出"Adding a Class"对话框，选择"Create a new class"选项为新添加

的对话框资源生成其对应的类。

在随后弹出的"New Class"对话框中，输入类名为"CModifyDlg"，基类使用默认设置的CDialog类。

在"Class Wizard"对话框中，为对话框中的编辑框控件IDC_EDIT_MODIFY添加对应的成员变量m_sModify，其数据类型为CString。关闭"Class Wizard"对话框和对话框编辑窗口。

表21.1 输入文本对话框中各个控件的属性

控件	ID	Caption
命令按钮	IDOK	确定
命令按钮	IDCANCEL	取消
编辑框	IDC_EDIT_MODIFY	

至此，我们对应用程序中的资源进行了简单的编辑，编辑结束后，保存并关闭编辑窗口。然后连接、运行程序，可看到修改后的主框架窗口。

3. 为CTextDoc类添加成员变量

利用Visual C++的可视化编程工具添加成员变量。在工作区窗口ClassView选项卡展开项目中的类，右击CTextDoc类，从快捷菜单中选择"Add Member Variable"命令。在弹出的"Add Member Variable"对话框中，在"Variable Type"文本框中输入成员变量的类型CString，在"Variable Name"文本框中输入成员变量名"m_text"，确定Access中的"Public"单选项被选中，将变量的访问类型设为公有，以便于使用类的对象访问该成员变量。单击"OK"按钮，Visual C++将该成员变量的定义添加到CTextDoc类的定义中。

4. 文档数据成员变量的初始化

在CTextDoc的成员函数OnNewDocument()中，为存放文档数据的公有成员变量m_text赋值"您好!让我们开始单文档程序设计!"。

在工作区窗口ClassView选项卡展开项目中的类，展开CTextDoc类，双击其成员函数OnNewDocument()。则打开了包含函数OnNewDocument()定义的源文件TextDoc.ccp，找到该函数中的注释行在其后输入：

```
m_text="您好!让我们开始单文档程序设计!";
```

则该函数的完整定义为：

```
BOOL CTextDoc::OnNewDocument()
{
    if (!CDocument::OnNewDocument())
        return FALSE;

    // TODO: add reinitialization code here
    // (SDI documents will reuse this document)
    m_text="您好!让我们开始单文档程序设计!";
    return TRUE;
}
```

5. 视图的输出

在MFC应用程序中，文档类和视图类一起协作以完成应用程序的功能。下面在重新定义的视图类CTextView的成员函数OnDraw中添加一些代码，将文档类中的m_text成员变量的内容显示到视图中。代码中的粗体为要添加的内容。

```
void CTextView::OnDraw(CDC* pDC)
{
    CTextDoc* pDoc = GetDocument();
    ASSERT_VALID(pDoc);
    // TODO: add draw code for native data here
    CRect RectClient;
    GetClientRect(RectClient);                              //获取当前客户区的指针
    CSize SizeClient=RectClient.Size();                     //获取当前客户区的大小
    CString str=pDoc->m_text;                               //取得文档中存放的数据
    CSize SizeTextExtent=pDC->GetTextExtent(str);           //获取显示内容的大小
    pDC->TextOut((SizeClient.cx-SizeTextExtent.cx)/2,
    (SizeClient.cy-SizeTextExtent.cy)/2,str);               //在客户区中央输出str
}
```

6. 文档串行化

下面，为单文档应用程序Text添加保存及打开文档的实现代码。重写CTextDoc的Serialize函数定义，其代码为（粗体为添加的内容）：

```
void CTextDoc::Serialize(CArchive& ar)
{
    if (ar.IsStoring())
    {
        // TODO: add storing code here(在此处添加存储代码)
        ar<<m_text;           //保存文档数据
    }
    else
    {
        // TODO: add loading code here(在此处添加加载代码)
        ar>>m_text;           //读取文档内容
    }
}
```

7. 菜单消息映射及编写消息处理函数

菜单栏中的大部分菜单在生成应用程序框架时就已经存在了，而且应用程序框架已经基本实现了它们的菜单消息映射和消息处理函数，在实现了文档的串行化后，菜单中的"打开""保存"和"另存为"命令也能正常实现了。下面，只需为"编辑"菜单中的"修改文本"命令实现菜单消息映射，编写相应的消息处理函数即可。

打开"ClassWizard"对话框，选择"CTextDoc"类，在"Object IDs"列表中选择"ID_EDIT_MODIFY"（"修改文本"菜单项的ID），在"Messsages"列表框中选择"COMMAND"，单击右边的"Add Function"按钮。在弹出的"Add Member Function"对话框中，接受建议的函数名"OnEditModify"，单击"OK"按钮关闭该对话框。此时，在"ClassWizard"对话框的"Member Functions"列表框中增加了一个"OnEditModify"成员函数。单击"Edit Code"按钮，关闭对话框，在文本编辑窗口打开源文件TextDoc.cpp，并且光标指示在函数OnEditModify()中，等待用户输入定义函数的代码。OnEditModify()函数的完整定义如下（其中的粗体为要添加的代码）：

```
void CTextDoc::OnEditModify()
{
    // TODO: Add your command handler code here
    CModifyDlg ModifyDlg;                    //创建一个CModifyDlg类的对象ModifyDlg
    if (ModifyDlg.DoModal()==IDOK)           //按模态方式打开ModifyDlg对话框
    {
        m_text=ModifyDlg.m_sModify;
        //将ModifyDlg对话框中编辑框中用户输入的内容赋给文档类的成员m_text
        UpdateAllViews(NULL);                //更新视图
    }
}
```

因为本函数中使用了CModifyDlg类，所以在源文件TextDoc.cpp的开头，文件包含指令后添加代码：

```
#include "ModifyDlg.h"
```

将ModifyDlg.h头文件包含到TextDoc.cpp源文件中。

8. 连接运行程序

至此，整个应用程序的编制已经完成，经过编译、连接、运行和调试，可得到所要求的运行结果。

三、实验内容

修改主教材中的例9.1，增加对圆角矩形、四边形和三角形等图形的绘制。

四、问题讨论

从MSDN中了解CDC类的有关内容，为主教材中的例9.1增加有关画图的颜色、线条、填充等的设置。

参考文献

[1] DANIEL LIANG Y. C++程序设计[M]. 北京：机械工业出版社，2013.
[2] 柴欣，张红梅. Visual C++程序设计实验教程[M]. 北京：中国铁道出版社，2007.
[3] 龚沛曾. C/C++程序设计教程[M]. 北京：高等教育出版社，2009.
[4] 吴文虎，徐明星，邬晓钧. 程序设计基础[M]. 4版. 北京：清华大学出版社，2017.
[5] 罗建军. C++程序设计教程学习指导[M]. 北京：高等教育出版社，2007.
[6] 吴乃陵，况迎辉. C++程序设计实践教程[M]. 北京：高等教育出版社，2006.
[7] 申闫春. Visual C++程序设计案例教程[M]. 北京：清华大学出版社，北京交通大学出版社，2010.
[8] JOHNSTON B. 现代C++程序设计[M]. 何亮，黄国伟，陈志，译. 北京：机械工业出版社 2008.